Valerie Embregts - Cossette
(514) 738-4871

D0851682

CHIMIE ORGANIQUE
Notions fondamentales

EXERCICES RÉSOLUS

2ᵉ édition
revue et corrigée

CHIMIE ORGANIQUE
Notions fondamentales

EXERCICES RÉSOLUS

Richard Huot, chimiste
D.Sc.(chimie organique)
professeur de chimie
Collège de Sainte-Foy

Gérard-Yvon Roy, chimiste
B.A., B.Sc.
professeur de chimie
Collège de Sainte-Foy

2e édition
revue et corrigée

Les Éditions Carcajou

Remerciements

Nous tenons à remercier M. Claude Paquette et M. Réjean Bouthot du Collège de Sainte-Foy, Mme Louise Huot et Mme Claudette Bergeron pour l'aide inestimable apportée en lisant, relisant, commentant et vérifiant avec une infinie patience ce texte, les exercices et les exercices résolus.

Nous remercions également les étudiants qui nous ont fait part de leurs remarques pertinentes en utilisant la première version du document.

Les auteurs.

Conception graphique de la couverture:
Gauthier & Associés Designers, Inc.
Illustration: Daniel Rainville.

Copyright © 1994, 1996
Les Éditions Carcajou
C. P. 102
L'Ancienne-Lorette, Qc. G2E 3M2
Tél. (418) 872-2939
Télécopieur. (418) 872-2939

Dépôt légal
Bibliothèque nationale du Québec
Bibliothèque nationale du Canada
1ᵉʳ trimestre 1996
ISBN-2-9804219-0-1
Imprimé et relié au Québec.

RAPPELS 1

L'atome

1.1 et 1.2 Composition de l'atome et représentation électronique

1.

Nombre...　　Atome:	H	C	N	O	Cl	Br	Mg	S
de protons	1	6	7	8	17	35	12	16
d'électrons internes	0	2	2	2	10	28	10	10
d'électrons périphériques	1	4	5	6	7	7	2	6
d'électrons périphériques célibataires	1	2	3	2	1	1	0	2

2. 1839 électrons. La masse d'un électron est donc 1839 fois plus petite que celle d'un proton.

3.

Atome	Configuration électronique	Sructure de Lewis
Na	$1s^2\, 2s^2\, 2p^6 / 3s^1$　　**1***	$\overset{\displaystyle .}{Na}$
Mg	$1s^2\, 2s^2\, 2p^6 / 3s^2$　　**2**	$\overset{\displaystyle ..}{Mg}$
C	$1s^2 / 2s^2\, 2p_x^1\, 2p_y^1$　　**4**	$\cdot \overset{\displaystyle .}{C} \cdot$
N	$1s^2 / 2s^2\, 2p_x^1\, 2p_y^1\, 2p_z^1$　　**5**	$\cdot \overset{\displaystyle .}{\underset{\displaystyle .}{N}} \cdot$
O	$1s^2 / 2s^2\, 2p_x^2\, 2p_y^1\, 2p_z^1$　　**6**	$:\overset{\displaystyle .}{\underset{\displaystyle .}{O}}:$
Cl	$1s^2\, 2s^2\, 2p^6 / 3s^2\, 3p_x^2\, 3p_y^2\, 3p_z^1$　　**7**	$:\overset{\displaystyle .}{\underset{\displaystyle ..}{Cl}}:$

/ * nombre d'électrons périphériques

4.

CH_4	HCl	NH_3	H_2O	HF
$H \underset{\cdot}{\overset{\cdot}{\underset{x}{\overset{x}{C}}}} H$ H	H ẍ C̈l:	H ẍ N̈ ẍ H H	H ẍ Ö ẍ H	H ẍ F̈:

1.3 Propriétés

---

  1. F > N > H > O > B > Na

  2. Seule la réaction (c) implique l'énergie de première ionisation d'un *atome*.

  3. F < O < N < H < C < Br < I

  4. a) l'ion chlorure Cl^-

     b) l'atome Cl

     c) le carbanion H_3C^-

     d) l'atome C

     e) l'ion N^{3-}

  5. Li < Be < B < H < C < S < Br < N < Cl < O < F

  6. a) La liaison $C{-}C$. Les deux atomes de carbone possèdent la même électronégativité.

     b) La liaison $C{-}F$. La distance moyenne où peut se situer le doublet d'électrons par rapport au centre de l'atome C dépend du rayon atomique de l'atome auquel il est lié. L'atome F étant le plus petit atome de la série et le plus électronégatif, on peut dire que le doublet de la liaison qui le relie au C est plus rapproché du centre de l'atome F, donc le plus à droite. On peut également se baser sur la différence d'électronégativité: $C{-}F$ (ΔÉn* = 1,45), $C{-}I$ (ΔÉn = 0,11). Donc plus la différence d'électronégativité est grande, plus le doublet est déplacé vers l'atome le plus électronégatif.

---

* ΔÉn = différence d'électronégativité.

La molécule

1.4 Observations

1. La plus polaire: $C-F$. La moins polaire: $C-C$.

2.

	Espèce(s) chimique en solution	Type de liaison dans la substance
$KCl(s)$	ions K^+ et Cl^-	ionique
$H_2(g)$	molécules $H_2(g)$	covalente non polaire
$CH_3OH(l)$	molécules $CH_3OH(aq)$	covalente polaire
$C_6H_{12}O_6(s)$	molécules $C_6H_{12}O_6(aq)$	covalente polaire (C-O et O-H)
$N_2(g)$	molécules $N_2(g)$	covalente non polaire
$HCl(g)$	ions H_3O^+ et Cl^-	covalente très polaire

3. a) Liaisons hydrogène dans: $H_2O(l)$ et $CH_3OH(l)$.

   b) Liaison ionique dans: $NaCl(s)$.

4. Dans les molécules $O_2(g)$ et $N_2(g)$ où la différence d'électronégativité est nulle.

5. L'air non pollué contient:

   a) des molécules non polaires: N_2 (78%), O_2 (21%) et CO_2 (en faible %);

   b) des molécules polaires : vapeur d'eau, H_2O (% variable).

   L'air pollué peut évidemment contenir diverses autres espèces polaires ou non polaires: radon, Ra; oxydes d'azote, NOx; monoxyde de carbone, CO; anhydrides sulfureux et sulfuriques, SO_2 et SO_3 , etc.

6. a) Laison la moins polaire ⟶
```
            H   H
            |   |
        H — C — C — O — H
            |   |
            H   H
```
   b) Liaison la plus polaire

   c) $C-O$ est plus polaire que $C-H$ parce que $\Delta\acute{E}n$ est plus grande que dans $C-H$.

1.5 Liaisons intramoléculaires

1. En se référant au tableau 1.3, la valeur de l'écart entre l'électronégativité de chaque élément, ΔÉn, permet de tirer les conclusions suivantes:

Éléments	ΔÉn	Nature de la liaison
a) C et H	0,35	covalente polaire (quoique faiblement polaire)
b) C et Li	1,57	covalente fortement polaire
c) C et O	0,89	covalente polaire
d) Cl et Li	2,18	ionique
e) H et O	1,24	covalente polaire (fortement polaire)
f) C et C	0,00	covalente non polaire
g) S et C	0,03	covalente polaire (quoique faiblement polaire)
h) N et C	0,49	covalente polaire (quoique faiblement polaire)

2. Énergie de dissociation de Br_2 < CO < KBr

Br_2 est non polaire, donc liaison covalente faible. De plus, les bromes sont gros et la liaison est longue.

CO est polaire, donc liaison covalente assez forte.

KBr est ionique. Les ions constituent un réseau cristallin où la liaison est très forte.

1.6 Liaison covalente: cas du carbone

1. Sa capacité extraordinaire à se lier à lui-même un grand nombre de fois et de multiples façons: la caténation.

2.

OA pures impliquées	OA hybrides	Géométrie	Angles	Type et nombre de liaisons (σ ou π)	Nombre de voisins
1 orbitale s 3 orbitales p	sp^3	tétraédrique	109° 28'	4 σ	4
1 orbitale s 2 orbitales p	sp^2	plane	120°	3 σ 1 π	3
1 orbitale s 1 orbitale p	sp	linéaire	180°	2 σ 2 π	2
1 orbitale s 2 orbitales p	sp^2	plane	120°	3 σ 1 π	3

3. Ils se repousseraient et tous trois occuperaient un même plan à leur distance d'équilibre. C'est le même principe pour les trois (3) nuages électroniques de l'hybridation sp^2.

4. a) Elles se repousseraient de façon à occuper les positions les plus éloignées possibles les unes des autres.

   b) 120°

   c) Le système des 3 balles se comporterait de la même manière et les 3 balles n'occuperaient qu'un seul plan de l'espace. (Il est toujours possible de passer un plan par 3 points). Constater, ici, l'analogie avec les orbitales atomiques hybrides sp^2.

5. L'angle serait de 180° (donc linéaire). Analogie avec les orbitales atomiques hybrides sp.

6. Il n'en est rien. La longueur d'arc correspondant à l'angle de 90° n'est pas la plus grande possible. Il existe un arrangement plus «naturel» pour que les balles soient le plus éloignées possible. Au lieu de se placer aux extrémités de deux diamètres se coupant à 90°, elles occupent, deux à deux, deux plans qui se coupent à 90°, en passant par le centre de la sphère, ce qui permet aux balles de s'éloigner davantage. L'angle correspondant à ce nouvel arc de cercle est de 109°28'. Pour s'en convaincre définitivement: construire un modèle.

7.

Molécule	Type d'hybridation sur les atomes C	Nombre de liaisons		Angles de liaison	Forme: • tétraédrique • plane • linéaire
		σ	π		
Méthane CH_4	sp^3	4	0	109° 28'	tétraédrique
Éthylène $CH_2{=}CH_2$	sp^2	3	1	120°	plane
Acétylène $HC{\equiv}CH$	sp	2	2	180°	linéaire
$\overset{1}{CH_3}{-}\overset{2}{CH}{=}\overset{3}{CH}{-}\overset{4}{CH_3}$ but-2-ène	C^1 sp^3	4	0	$H{-}\overset{1}{C}{-}$ avec H, H et 109° 28'	tétraédrique
	C^2 sp^2	3	1	$\overset{2}{C}{=}\overset{3}{C}$ H 120°	plane
	C^3 sp^2	3	1	$\overset{2}{C}{=}\overset{3}{C}$ 120° C^4	plane
	C^4 sp^3	4	0	3C C^4 109° 28' H	tétraédrique

8. Toutes les liaisons de l'hexane sont de type σ. Elles tournent librement autour de l'axe des carbones.

9.

$$H-\overset{\underset{2\pi}{1\sigma}}{C}\equiv C-\overset{\underset{H}{\overset{H}{|}}}{C}\overset{\sigma}{=}C-\overset{\underset{\sigma}{\overset{\overset{H}{|}\overset{O}{||}}{C}}}{C}-O-\overset{\underset{\overset{|}{H}}{\overset{H}{|}}}{C}-H$$

sp sp sp^2 sp^2 sp^2

sp^3

10.

Ce sont tous les isomères d'une même molécule: $C_2FClBrI$

11.

(a) (b) (c)

tétraédrique plane tétraédrique

12. a)

partie plane
↓
sp^3 sp^2 sp^3
$H_3C-C-CH_3$
↑   ‖   ↑
O
parties tétraédriques

d) $CH_2=CH-CH=CH_2$
plane
tous les C sont sp^2

b) CH_3-CH_2-OH
tétraédrique
tous les C sont sp^3

e)

plane
tous les C sont sp^2

c) $H_2C=CH-Cl$
plane
tous les C sont sp^2

13.

sp^2

$$H-O-\overset{\overset{O}{||}}{C}-\overset{\underset{H}{\overset{H}{|}}}{C}-\overset{\underset{H}{\overset{H}{|}}}{N}-\overset{\underset{H}{\overset{H}{|}}}{C}-O-C=C-C=\overset{\underset{H}{}}{N}-\overset{\underset{H}{\overset{H}{|}}}{C}-C\equiv N$$

sp^3 H sp^3 H sp^3 sp^2 H   sp

En traits: • simples, liaisons σ
• doubles, liaisons σ + π
• triples, liaisons σ + 2 π.

14.

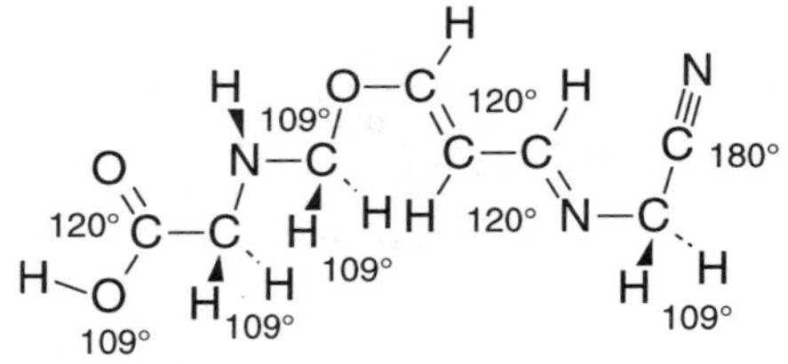

15. Structures de Lewis des molécules:

16.
a)

$HC{\equiv}C-CH{=}CH-CH_3$ positions 1 2 3 4 5

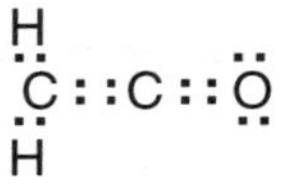

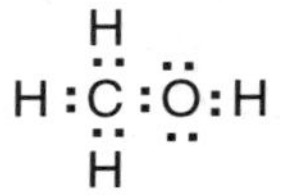

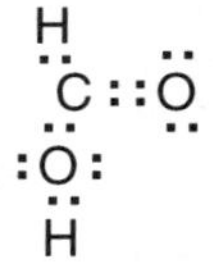

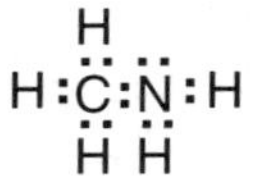

C_1 et C_2:	sp
C_3 et C_4:	sp²
C_5:	sp³

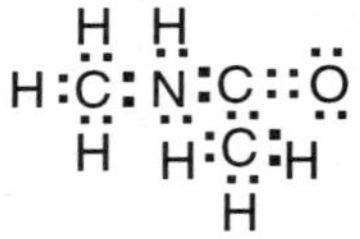

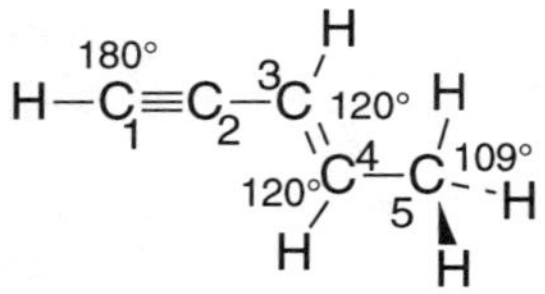

b)

$CH_2{=}C{=}O$ positions 1 2

| C_1: | sp² |
| C_2: | sp |

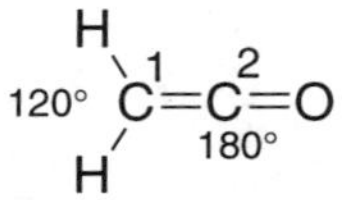

16. (suite)

c) $\overset{1}{C}H_3-\overset{2}{C}H=\overset{3}{C}H-\overset{4}{C}=\overset{5}{C}H_2$
$\qquad\qquad\qquad\underset{6}{|}CH_3$

C_1 et C_6: sp^3

C_2, C_3, C_4 et C_5 sp^2

1.7 et 1.8 Polarité des molécules et attractions intermoléculaires

1. Liaisons de plus en plus polaires (différence d'électronégativité, ΔÉn, entre parenthèses):

N≡N (0,00)	C—C (0,00)	C=C (0,00)	C≡C (0,00)
C—H (0,35)	N—O (0,40)	C—Br (0,41)	C—N (0,49)
C—O (0,89)	C=O (0,89)	H—Cl (0,96)	O—H (1,24)

2. L'acétone et l'eau sont miscibles en toutes proportions grâce aux liaisons hydrogène qui s'établissent entre les deux molécules. La molécule d'acétone peut former une liaison hydrogène à cause de la présence de la liaison covalente polaire C=O et la présence de deux doublets d'électrons libres sur l'atome d'oxygène.

3. Bien que la molécule d'éthoxyéthane (l'éther) puisse établir une liaison hydrogène entre son atome d'oxygène et un atome d'hydrogène d'une molécule d'eau, un autre facteur intervient: l'importance plus grande de la partie non polaire de cette molécule, i.e. les deux groupes CH_2CH_3. En ce qui concerne le méthanol et l'eau, la petite taille de la molécule de méthanol jointe à la double possibilité de liaison hydrogène font qu'il y a miscibilité en toutes proportions.

4. Les molécules de benzène étant non polaires, elles ne peuvent pas entourer efficacement (solvater) chacun des ions ammonium et chlorure pour les tenir à distance l'un de l'autre.

5.

a) méthane CH_4	f) méthanol CH_3OH
b) acide acétique CH_3COOH	g) méthanol CH_3OH
c) éthanol CH_3CH_2OH	h) mélange d'alcanes C_nH_{2n+2}
d) propane $CH_3CH_2CH_3$	où n = 6 à 12 environ.
e) butane $CH_3CH_2CH_2CH_3$	

Exercices complémentaires

1. **Vrai.** Réduction = gain d'électrons. Oxydation = perte d'électrons.

2. **Faux.** Ce sont des orbitales atomiques. Les orbitales σ et π sont des orbitales moléculaires.

3. **Vrai.** L'ébullition est un phénomène physique qui ne modifie pas la nature des molécules. Seules les liaisons intermoléculaires qui retiennent les molécules ou les atomes (dans le cas d'une substance atomique) dans la phase liquide sont rompues.

4. **Faux.** Ce sont les liaisons intermoléculaires qui sont rompues, phénomène analogue à l'ébullition.

5. **Faux.** Les coefficients stœchiométriques indiquent les nombres relatifs de moles des substances impliquées dans une réaction chimique.

6. **Faux.** Intermoléculaire. C'est une liaison faible mais plus forte que les liaisons habituelles de type Keesom.

7. **Vrai.**

8. **Vrai.**

9. **Faux.** Les électrons internes ne participent jamais aux réactions chimiques. Ce sont les électrons périphériques qui participent aux bris et à la formation des liaisons chimiques.

10. **Vrai.**

11. **Vrai.** Les protons et les neutrons constituent la quasi totalité de la masse d'un atome. En effet, les électrons sont environ 1839 fois plus légers qu'un proton ou qu'un neutron.

12. **Vrai.** La réaction vers la droite se produisant à la même vitesse que celle vers la gauche, d'où le symbole $\rightleftharpoons$.

13. **Vrai.** Ce sont les électrons périphériques qui sont les plus accessibles et les moins retenus par le noyau positif de l'atome. L'ionisation est l'arrachement d'un ou de plusieurs électrons.

14. **Faux.** Il faut fournir de l'énergie à un atome ou à une molécule pour lui arracher un ou des électrons.

15. **Vrai.** L'acidité (forte ou faible) est définie par rapport à l'eau prise comme substance basique de référence (ou de comparaison). C'est l'eau qui accepte alors l'ion hydrogène:

$$H_2O + H^+ \longrightarrow H_3O^+ \text{(ion oxonium ou hydronium)}$$

16. **Faux.** La mise en commun de deux électrons caractérise une liaison covalente. Dans une liaison ionique, l'un des atomes cède un électron à l'autre atome.

17. **Faux.** Ce sont des orbitales moléculaires. On dit aussi *liaison* σ et *liaison* π .

18. **Vrai.** Ces orbitales lient les atomes dans les molécules.

19. **Vrai.**

20. **Vrai.**

21. **Vrai.**

22. **Vrai.**

23. **Vrai.**

24. **Vrai.** Les molécules diatomiques et triatomiques sont nécessairement planes. Les autres peuvent être tétraédriques ou de forme plus complexe.

25. **Vrai.**

26. **Vrai.**

27. **Vrai.** L'atome le plus électronégatif a tendance à attirer vers lui les électrons qui sont à sa portée.

28. **Vrai.**

L'ÉCRITURE 2
ORGANIQUE

Représentation des molécules organiques

• Formules chimiques planes

2.1 Formules empiriques et formules moléculaires

---

1. CH_2O n= 1 (ex.: $HCH{=}O$)

   $C_2H_4O_2$ n= 2 (ex.: $CH_3{-}CO_2H$)

   $C_3H_6O_3$ n= 3 (ex.: $HO{-}CH_2{-}CH_2{-}CO_2H$)

2. C: $\dfrac{40}{12,011} = 3,33$ $\dfrac{3,33}{3,33} = 1$

   H: $\dfrac{6,6}{1,008} = 6,55$ $\dfrac{6,55}{3,33} = 2$ donc la formule empirique sera:
   $(CH_2O)_n$

   O: $\dfrac{53,4}{16,00} = 3,33$ $\dfrac{3,33}{3,33} = 1$

3. $\dfrac{173,5}{43,046} = 4,03$ donc n = 4 et la formule moléculaire est: $C_8H_{12}O_4$

4. a) possible

   b) possible

   c) impossible (H est impair)

   d) impossible (la somme de H et Cl est impaire)

   e) possible

   f) possible

2.2 Formules structurales

---

1. La spectroscopie infrarouge (IR) et la résonance magnétique nucléaire (RMN).

2. La formule C_2H_6O est une formule moléculaire. Elle correspond à deux molécules différentes:

$$CH_3{-}CH_2{-}OH \quad \text{et} \quad CH_3{-}O{-}CH_3$$

2. (suite)

Ces deux formules sont dites *semi-développées* par comparaison aux formules développées suivantes:

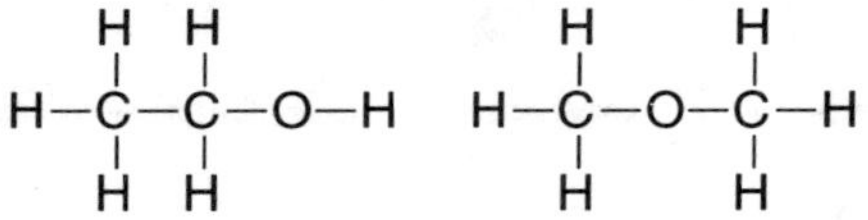

La formule développée est plus précise que la formule moléculaire. Elle indique l'organisation de tous les atomes et de toutes les liaisons. Toutefois, la géométrie précise de la molécule n'est pas représentée.

3. Formules développées de $C_4H_{10}O$:

quatre alcools

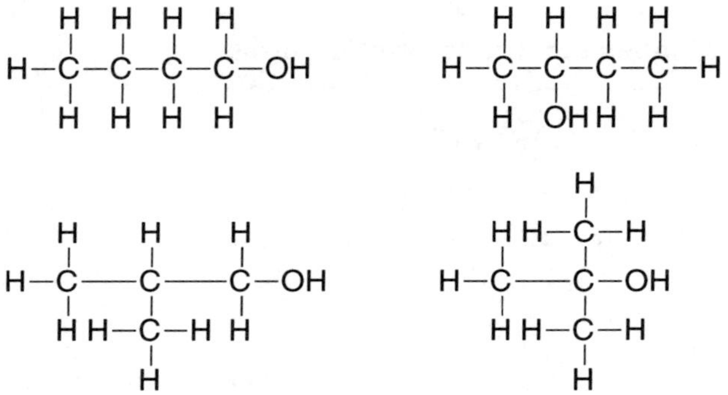

trois éthers

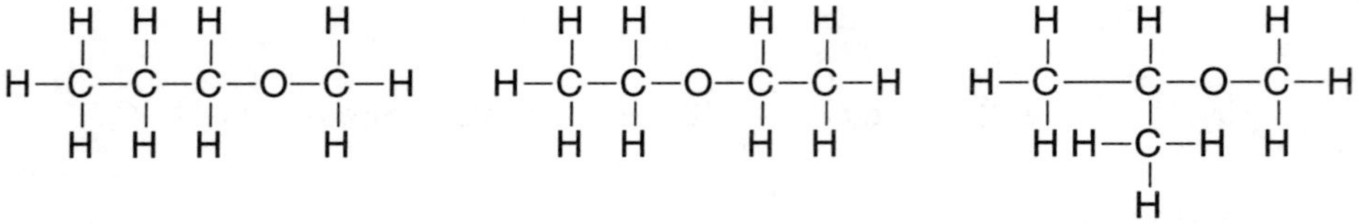

4.

a) $CH_3 - [CH_2]_8 - CH_3$

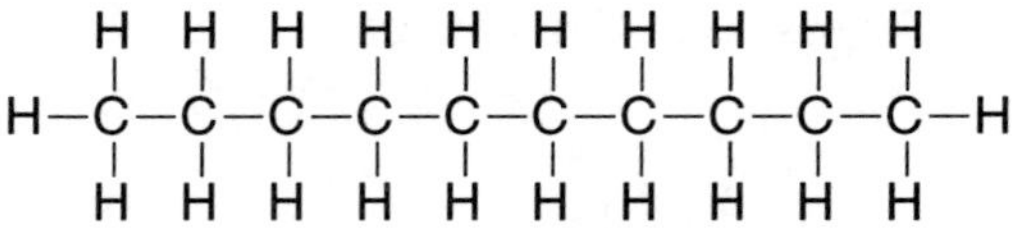

b) $(CH_3)_2CH - [CH_2]_6 - CH(CH_3)_2$

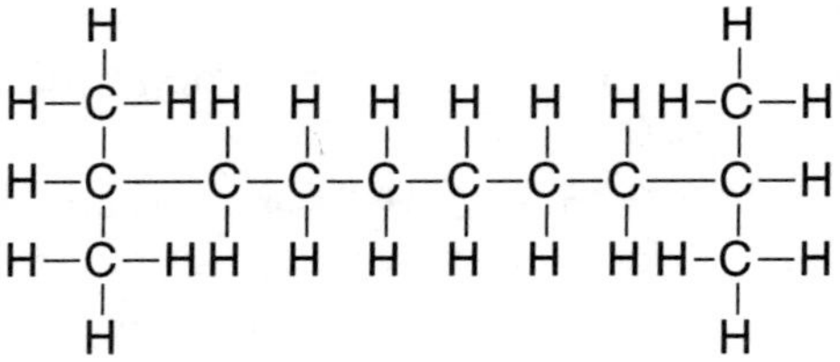

5. a)

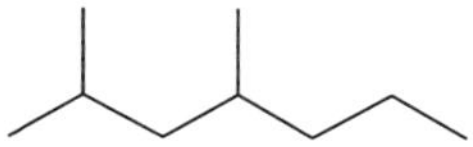

   d)

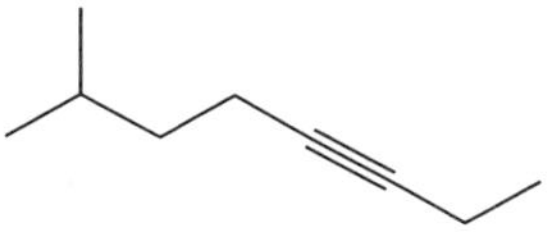

   b)

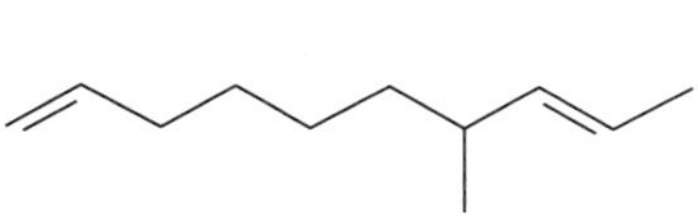

   e)

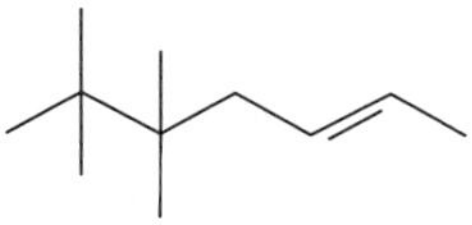

   c)

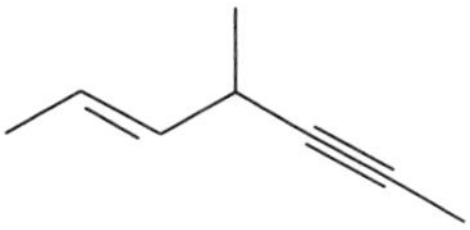

   f)

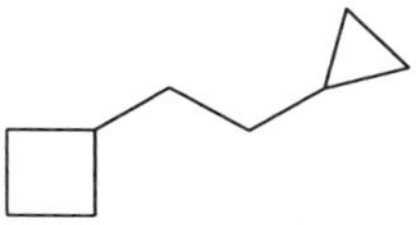

   g)

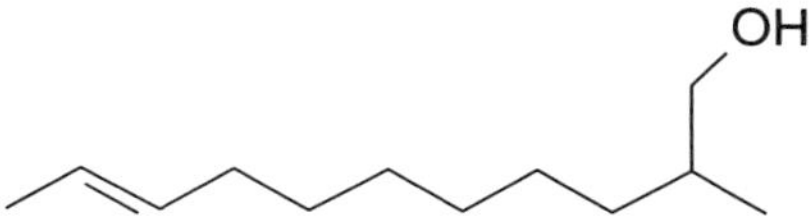

6.

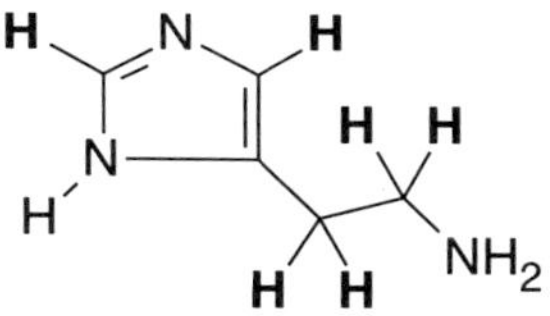

histamine

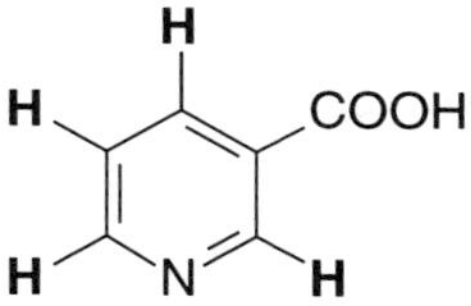

acide nicotinique

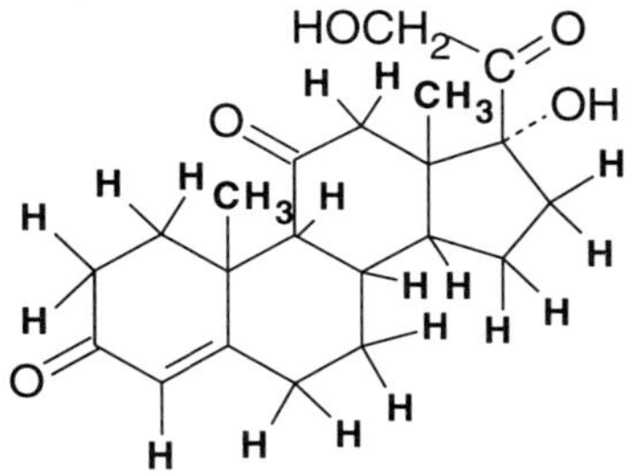

cortisone

Stéréochimie

2.3 Représentation précise des molécules

1.

$$H_3\overset{1}{C} \quad \overset{5}{C}H_3$$

$$\overset{2}{C}H-\overset{4}{C}-\overset{7}{C}H_2-\overset{8}{C}H_2-\overset{9}{C}H_2-\overset{10}{C}H_2-\overset{11}{C}H_2-\overset{12}{C}H=\overset{13}{C}H-\overset{14}{C}H_3$$

$$H_3\overset{3}{C} \quad \overset{6}{C}H_3$$

C	1	2	3	4	5	6	7	8	9	10	11	12	13	14
Nombre de liaisons σ						4						3	3	4
Nombre de liaisons π						0						1	1	0
Type d'hybridation de chaque C						sp^3						sp^2	sp^2	sp^3
Géométrie autour de chaque C						tétraédrique						plan	tétr.
Angles de liaisons autour de chaque C						109°28'						120°	109°

2.

a.

b.

$$H-C\equiv C-H$$
c.

d.

e.

f.

2.4 Représentations des molécules avec carbones sp³

1. Ce sont les différentes formes des molécules obtenues par des rotations libres autour des liaisons simples. Elles sont illustrées en utilisant une convention appelée *projections de Newman*.

2. La rotation libre autour de l'axe de la liaison.

3. a) L'hybridation sp³

   b) Deux C à la fois: l'un en premier plan, l'autre en second plan;

   c) Ils doivent être voisins, i.e. consécutifs.

4. La ressemblance avec les projections de Newman est évidente. Le rayon lumineux doit cependant être parfaitement aligné avec l'axe de la liaison C—C pour que les deux C se superposent exactement.

une conformation décalée

6. a) Non, tous les atomes et groupes d'atomes sont en rotation rapide perpétuelle.

   b) Elles se font encore plus rapidement; à la limite la molécule peut se briser si on chauffe trop; s'ajoutent alors les chocs de plus en plus violents et fréquents entre les molécules.

   c) Ces rotations ralentissent beaucoup; on peut imaginer les arrêter complètement en abaissant davantage la température et isoler ainsi un conformère particulier; c'est possible dans certains cas.

7. 15,1 kJ/mol

8. Non. La valeur de 15,1 kJ/mol est du même ordre de grandeur que les liaisons de London (9 à 17 kJ/mol); elle est très faible comparée à l'énergie de la liaison C—C (344 kJ/mol); elle est environ deux fois plus faible que les liaisons hydrogène de l'eau (28,9 kJ/mol).

9. L'encombrement stérique correspond à l'espace occupé par un atome ou un groupe d'atomes: plus cet atome ou ce groupe d'atomes est volumineux, plus son encombrement stérique est important, c'est-à-dire que les chances de se toucher augmentent.

10. Justement parce que les atomes ou les groupes d'atomes portés par la liaison C–C considérée sont à leur éloignement maximal.

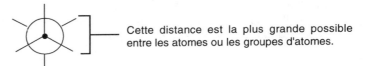

Cette distance est la plus grande possible entre les atomes ou les groupes d'atomes.

11. Cela tient au fait que dans la position en zigzag, tous les atomes et les groupes d'atomes les uns par rapport aux autres se retrouvent dans une conformation décalée correspondant à une énergie minimum de répulsion.

12. Aux conformations décalées naturellement adoptées par les molécules.

2.5 Les cycles avec carbones sp^3

1. a) 60° (cycle à 3 carbones)

   b) 88° (cycle à 4 carbones)

   c) Environ 109° (cycle à 5 carbones)

   d) 109°28' (et non 120° comme le laisse croire sa représentation par un hexagone plat).

2. À cause de la tension interne dans ces cycles dont les angles, respectivement de 60° et 88°, tendent toujours à s'ouvrir à la moindre occasion pour atteindre la valeur d'angle maximale plus *confortable* de 109°28'.

3. Il est plus stable. Ses angles intérieurs sont voisins de la valeur de 109°28', angle exigé par l'hybridation sp^3 du carbone.

4. 120°

5. Le cycle n'est pas plan. Chaque C est tétraédrique et chacune des liaisons C—C est placée de manière à obtenir la conformation la plus stable, i.e. décalée.

6.

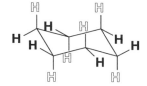

ⵂ = axial

H = équatorial

7.

Encombrement stérique.

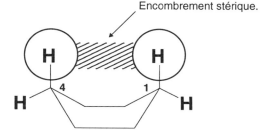

8. La rotation libre qui permet le passage facile d'un conformère à l'autre.

9. a)

b) la plus stable:

On n'y retrouve pas
les répulsions 1,3 et
1,5 comme dans la
conformation axiale
du brome:

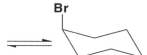

Regroupements d'atomes

2.6 Groupes et fonctions

1. La différence de réactivité entre les différents regroupements d'atomes appelés groupes et fonctions dépend, entre autres, de la polarité des liaisons qui les composent, laquelle à son tour dépend de l'électronégativité des éléments impliqués.

2. Parce qu'ils sont exclusivement constitués des atomes C et H d'électronégativité voisine. Ces éléments ne peuvent donc former que des liaisons peu polaires.

3.

Groupe	Nom	Symbole
CH_3—	méthyle	Me
CH_3CH_2—	éthyle	Et
▷—	cyclopropyle	————
⬡—	cyclohexyle	————
$CH_3CH_2\overset{|}{C}HCH_3$	butyle secondaire	s-Bu
⬡—CH_2—	benzyle	————
$CH_2{=}CH$—	vinyle	————
$CH_3CH_2CH_2$—	propyle	Pr
⟩—	isopropyle	iPr
$(CH_3)_3C$ —	butyle tertiaire	t-Bu
$CH_2{=}CH{-}CH_2$—	allyle	————
$CH_3{-}[CH_2]_4{-}CH_2$—	hexyle	————

4. Alkyle: R— exemple: CH_3— (méthyle)

Aryle: Ar— exemple: ⬡— (phényle)

Carbonyle: ⟩C=O   Acyle: $\overset{R}{\diagdown}$C=O

5.

Fonction	Nom
—COOH	acide carboxylique
$\overset{\diagdown}{\underset{H\diagup}{C}}=O$	aldéhyde
—OH	alcool
—NH$_2$	amine
$\overset{\diagdown}{\underset{R\diagup}{C}}=O$	cétone
$\overset{\diagdown}{\underset{RO\diagup}{C}}=O$	ester
$\overset{\diagdown}{\underset{Cl\diagup}{C}}=O$	chlorure d'acide
—CN	nitrile
—OR	éther
—X	halogénure
$-\overset{\overset{O}{\|\|}}{C}-O-\overset{\overset{O}{\|\|}}{C}-$	anhydride
$\overset{\diagdown}{\underset{NH_2\diagup}{C}}=O$	amide
$\overset{\diagdown}{\diagup}C=C\overset{\diagup}{\diagdown}$	alcène
$-C\equiv C-$	alcyne

6. Évidemment! Il suffit que la chaîne carbonée compte au moins deux atomes de carbone.

Exemple:

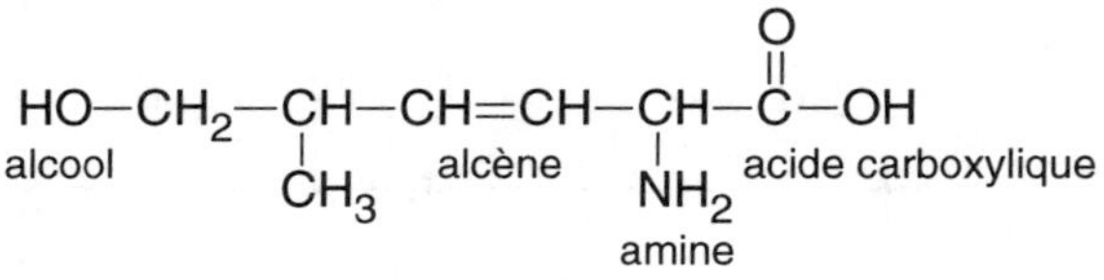

$$HO-CH_2-CH-CH=CH-CH-\overset{\overset{\textstyle O}{\|}}{C}-OH$$

alcool   CH₃   alcène   NH₂   acide carboxylique

amine

7.

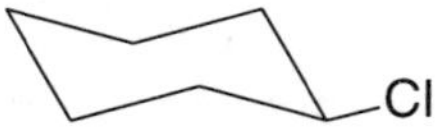

a

Tous les C sont 2°

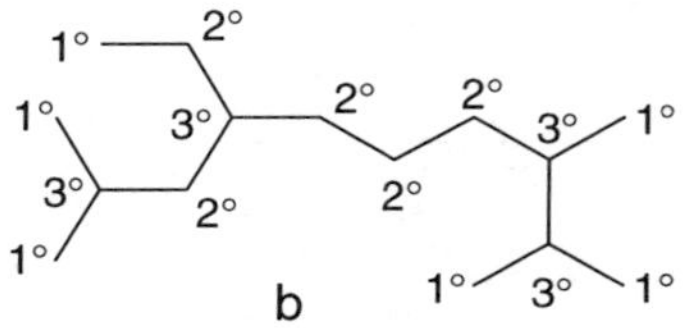

b

2.7 Séries homologues

---

1. Deux ou plusieurs substances constituent une série homologue si elles ne diffèrent que par un ou plusieurs groupement(s) —CH₂— tout en conservant le même squelette carboné de base et la même fonction.

2. a)

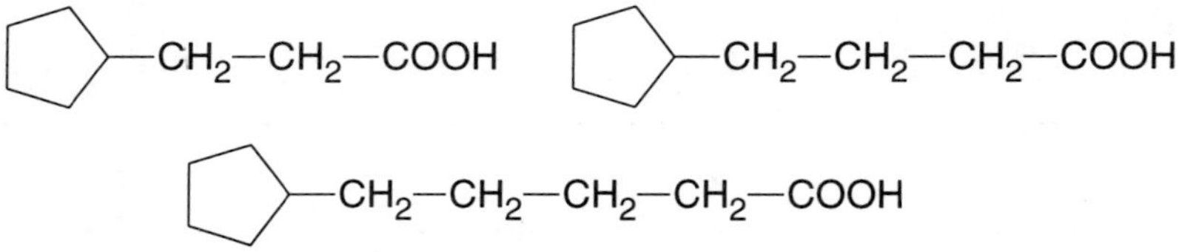

b)

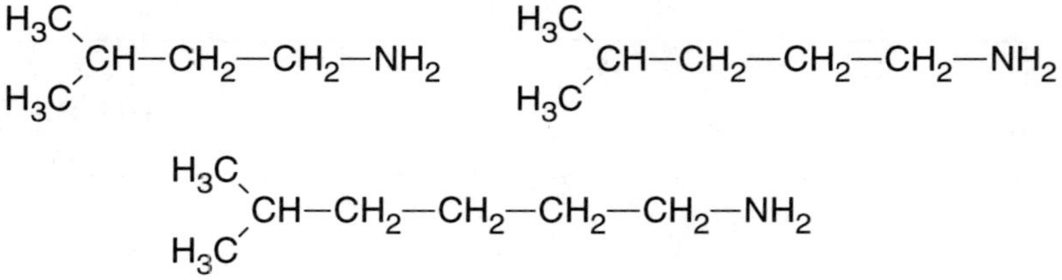

3. Sont homologues:

a)   CH₃—CH—CH₂—CH₃   et   f)   CH₃—CH—CH₃
            | |
           CH₃   CH₃

b)   CH₃—CH—CH₂—OH   et   e)   CH₃—CH—CH₂—CH₂—OH
            | |
           CH₃   CH₃

c)   CH₃—CH—CH—CH₃   et   g)   (CH₃)₂CH—CH—CH₂—CH₂—CH₃
            | | |
           CH₃ CH₃   CH₃

2.8 Classification générale des substances organiques

---

1. Voici deux exemples de chaque catégorie et il y en a bien d'autres:

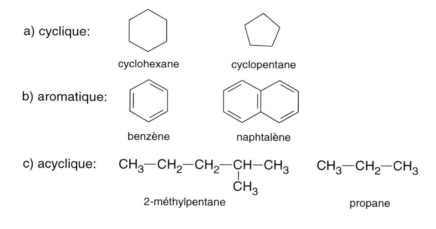

a) cyclique:

          cyclohexane   cyclopentane

b) aromatique:

          benzène   naphtalène

c) acyclique: CH₃—CH₂—CH₂—CH—CH₃   CH₃—CH₂—CH₃
                                    |
                                   CH₃

        2-méthylpentane   propane

2. a)   b)

    cyclique insaturé substitué   aromatique disubstitué
    1-méthylcyclohex-1-ène   1,2-diméthylbenzène
                      (*o*-xylène)

Il y en a bien d'autres...

Nomenclature

2.9 Principes généraux

1. Non. Cette molécule devrait s'appeler: acide éthanoïque.

2. Le nom d'un composé organique doit contenir les éléments suivants:

   a) la classe de composé, indiquée par la fonction;

   b) le nom de base, relié à la chaîne carbonée la plus longue et dont la terminaison dépend de la fonction impliquée dans cette chaîne;

   c) les ramifications ou les substituants fixés à la chaîne la plus longue, placés devant le nom de base et précédés d'un indice de position numérique précisant le point d'attache à cette chaîne.

3. À partir de la fonction: alcool, acide, aldéhyde, etc. (voir tableau 2.2).

4. Une ramification est une chaîne carbonée relativement courte, fixée sur une chaîne fondamentale plus longue. Ce peut être un groupe alkyle bien connu ou quelque chose de plus complexe.

   Un substituant est un terme plus général et représente aussi bien une ramification qu'une fonction secondaire.

5. Devant le nom de base, en ordre alphabétique, précédés des indices de position les plus petits suivis d'un tiret. S'il n'y en a qu'un, il doit être lié au nom de base, sans tiret. S'il y en a plusieurs, le dernier doit être lié au nom de base, sans tiret. Exemples:

   a) 2-méthylpentane,

   b) 2-chloro-3-éthylhexane.

6. Par un indice de position numérique placé devant la terminaison relative à la fonction; comme dans le butan-**2**-ol.

2.10 Composés acycliques

1.

Classe fonctionnelle	Terminaison	Exemple
alcène	ène	$CH_2{=}CH_2$
ester	————	$CH_3{-}CH_2{-}COOCH_3$
anhydride	————	$\overset{\displaystyle O}{\overset{\|}{C_2H_5{-}C}}{-}O{-}\overset{\displaystyle O}{\overset{\|}{C}}{-}C_2H_5$
amide	————	$CH_3{-}\overset{\displaystyle O}{\overset{\|}{C}}{-}NH_2$
alcyne	yne	$CH_3{-}C{\equiv}C{-}H$
alcène	ène	$CH_3{-}CH{=}CH{-}CH_3$
alcane	ane	$CH_3{-}CH_2{-}CH_2{-}CH_3$
alcène	ène	$CH_3{-}CH{=}CH{-}CH_2{-}CH_3$
alcool	ol	$CH_3{-}CH_2{-}OH$
alcyne	yne	$CH_3{-}C{\equiv}C{-}CH_3$
acide carboxylique	————	$CH_3{-}CO_2H$
éther	oxy	$CH_3{-}CH_2{-}O{-}CH_3$
chlorure d'acide	————	$\overset{H_3C}{\underset{Cl}{}}{\diagdown}C{=}O$

2.

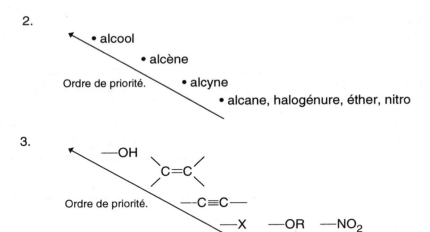

3.

4. Certaines fonctions sont nommées surtout comme préfixes. En voici quelques exemples.

Nom	Structure	Préfixe
halogénure	—X	selon l'halogène (bromo, chloro, etc)
nitrite	—NO$_2$	nitro
alcool	—OH	hydroxy (occasionnellement)
éther	—OR	(R)....oxy exemple: méthoxy
amine	—NH$_2$	amino (occasionnellement)

5.   a) CH_2Cl_2 dichlorométhane

    b) CH_3F fluorométhane

    c) $CHBr_3$ tribromométhane

    d) $CHClBrF$ bromochlorofluorométhane

    e) $HOCH_2{-}CH_2NH_2$ 2-aminoéthanol

    f) $HOCH_2{-}CH_2OH$ éthane-1,2-diol

    g) $Cl_3C{-}CCl_3$ hexachloroéthane

    h) $CH_3{-}CH{-}CH{-}CH_3$ 2-chloro-3-méthylbutane.
                 CH_3 Cl

    i) $Cl_2C{=}CCl_2$ tétrachloroéthylène

6.   a)

         2-méthylhexane

    b)

         1-cyclohexyl-5-méthylhexane

    c)

         5-méthylnonane

    d)

         4-éthyl-4-méthyloctane

    e)

         6-éthyl-2-méthylnonane

    f)

         1-cyclopropyl-3,5-diméthylhexane

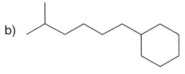

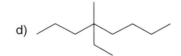

               Br

    g)

      Cl
    2-bromo-5-chlorohexane

    h) $CH_3{-}CH_2{-}CH_2{-}O{-}CH_3$
              1-méthoxypropane

6. (suite)

i)

3-méthylpent-2-ène

j) ⌐C≡CH

3-éthyl-5-méthylhex-1-yne

k) —C≡C—⟨

Cl

7-chloro-5-éthyl-2-méthyloct-3-yne

l) $HOCH_2—CH_2—CH_2—CH—CH_3$

NH_2

4-aminopentan-1-ol
(priorité à la fonction alcool)

m) $CH_3—CH_2—\overset{\overset{\displaystyle CH_2}{\|}}{C}—C=CH_2$

CH_3

2-éthyl-3-méthylbuta-1,3-diène

n) $CH_3—\overset{\overset{\displaystyle C_2H_5}{|}}{\underset{\underset{\displaystyle Br}{|}}{C}}—CH_2—CH_2—OH$

3-bromo-3-méthylpentan-1-ol

7.   a) Éthane $CH_3—CH_3$

     b) propane $CH_3—CH_2—CH_3$

     c) butane $CH_3—CH_2—CH_2—CH_3$

     d) pentane $CH_3—CH_2—CH_2—CH_2—CH_3$

     e) hexane $CH_3—CH_2—CH_2—CH_2—CH_2—CH_3$

     f) 2-méthylpentane $CH_3—CH—CH_2—CH_2—CH_3$

                            CH_3

     g) 3-chloro-4-méthylhexane

                $CH_3—CH_2—CH—CH—CH_2—CH_3$

                          Cl CH_3

     h) 5-éthyl-3,3-diméthylheptane

                  CH_3 $CH_2—CH_3$

      $CH_3—CH_2—\overset{\overset{\displaystyle CH_3}{|}}{\underset{\underset{\displaystyle CH_3}{|}}{C}}—CH_2—CH—CH_2—CH_3$

7. (suite)

   i) 2,2,3-triméthylbutane

$$CH_3-\underset{\underset{CH_3}{|}}{\overset{\overset{CH_3}{|}}{C}}-\underset{\underset{}{}}{\overset{\overset{CH_3}{|}}{CH}}-CH_3$$

   j) 3-méthylhexane

$$CH_3-CH_2-\underset{}{\overset{\overset{CH_3}{|}}{CH}}-CH_2-CH_2-CH_3$$

   k) 4-isopropyl-2,6-diméthyloctane

$$CH_3-\underset{\underset{}{\overset{|}{CH_3}}}{\overset{|}{CH}}-CH_2-\underset{\underset{CH_3-\underset{\underset{CH_3}{|}}{CH}}{|}}{CH}-CH_2-\underset{\underset{CH_3}{|}}{CH}-CH_2-CH_3$$

   l) 4-éthyl-4-méthylheptane

$$CH_3-CH_2-CH_2-\underset{\underset{CH_2-CH_3}{|}}{\overset{\overset{CH_3}{|}}{C}}-CH_2-CH_2-CH_3$$

   m) 4-*tert*-butyl-4-méthylheptane

$$CH_3-CH_2-CH_2-\underset{\underset{C(CH_3)_3}{|}}{\overset{\overset{CH_3}{|}}{C}}-CH_2-CH_2-CH_3$$

   n) hexa-1,3-dién-5-yne

$$HC\equiv C-CH=CH-CH=CH_2$$

2.11 Composés cycliques

---

1. a)   OH   b)

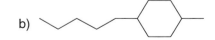

3-cyclohexyl-5,5-diméthylhexan-1-ol

1-méthyl-4-pentylcyclohexane

1. (suite)

c)

isopropylcyclopropane
ou 2-cyclopropylpropane

d)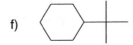

isopropylcyclohexane

e)

1,2-diméthylcyclobutane

f)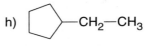

tert -butylcyclohexane

g) HOCH₂—CH₂—CH₂—CH—CH₃

4-cyclohexylpentan-1-ol

h) —CH₂—CH₃

éthylcyclopentane

2. a) 1,3-diméthylcyclohexane

b) cyclobutène

c) 2,3-dibromocyclopenta-1,3-diène

d) 3-cyclohexylpentane

2. (suite)

e) 1,2,3,4,5,6-hexachlorocyclohexane

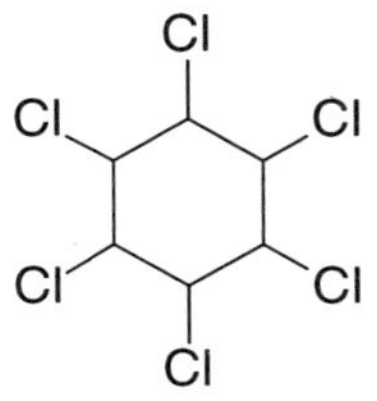

f) 1-cyclohexyl-2-méthylbutane

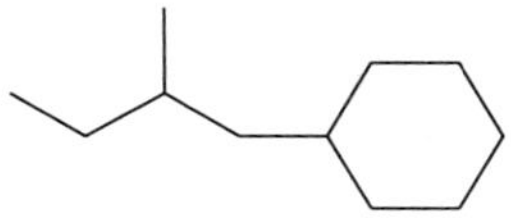

g) 3-méthylcyclohex-1-ène

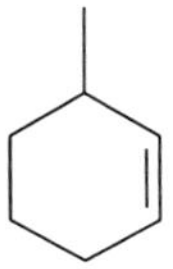

h) cyclohexanol

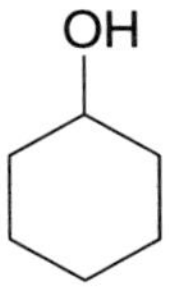

i) bromocyclopentane

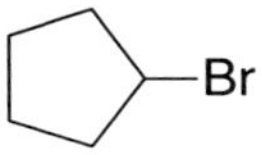

2.12 Composés benzéniques

1. Le benzène.

2.

a) phénol

d) alcool benzylique

g) aniline

b) toluène

e) benzaldéhyde

h) acétophénone

c) styrène

f) acide benzoïque

i) *p*-xylène

3. a) Phényle.

   b) Lorsqu'il est relié à une chaîne carbonée complexe contenant au moins six carbones ou lorsque la priorité d'une fonction l'exige.

4. *Ortho*, *méta* et *para*.

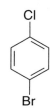

o-bromochlorobenzène   *m*-bromochlorobenzène   *p*-bromochlorobenzène

5.

a) 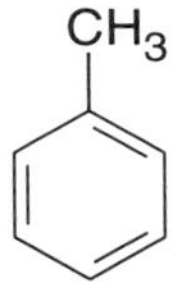 CH₃

toluène

b) 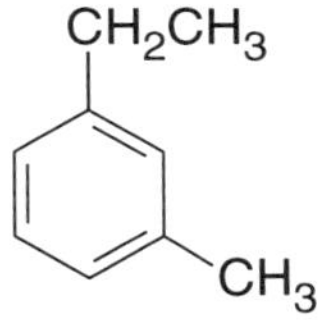 CH₂CH₃ / CH₃

3-éthyltoluène
ou *m*-éthyltoluène

c) 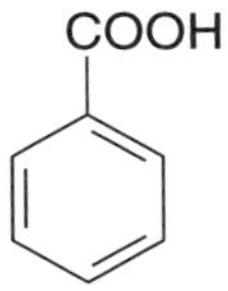 COOH

acide benzoïque

d) 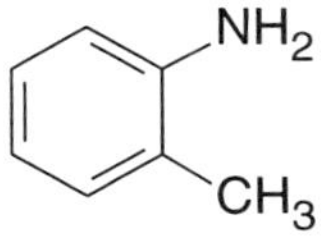 NH₂ / CH₃

2-méthylaniline
ou *o*-méthylaniline

e) 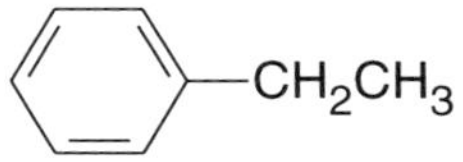 —CH₂CH₃

éthylbenzène

f) 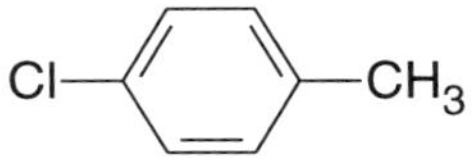 Cl—⟨⟩—CH₃

4-chlorotoluène
ou *p*-chlorotoluène

g) 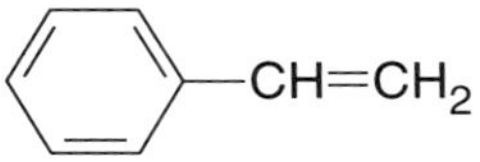 —CH=CH₂

vinylbenzène
ou styrène

h)

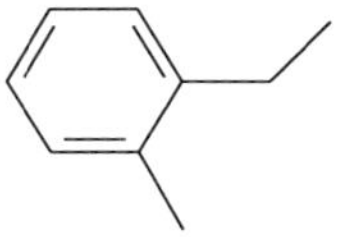

2-éthyltoluène
ou *o*-éthyltoluène

i) 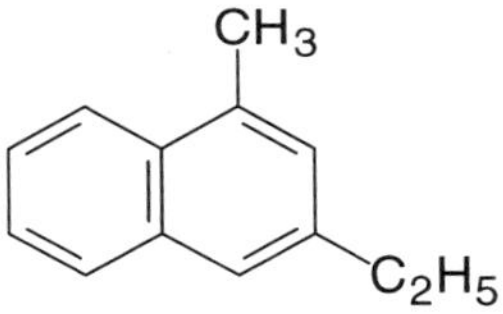 CH₃ / C₂H₅

3-éthyl-1-méthylnaphtalène

6.

a) 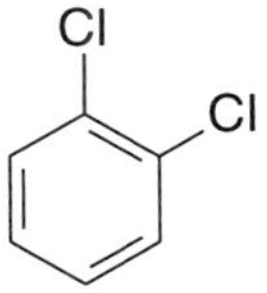 Cl / Cl

o-dichlorobenzène

b) 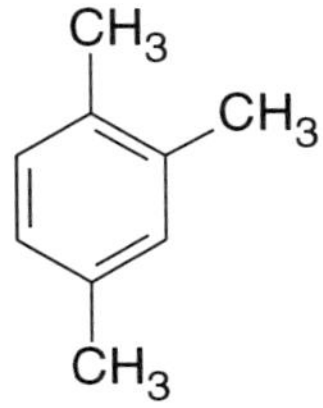 CH₃ / CH₃ / CH₃

1,2,4-triméthylbenzène

c) 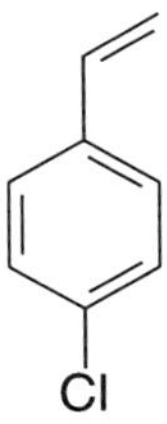 Cl

p-chlorostyrène

d) 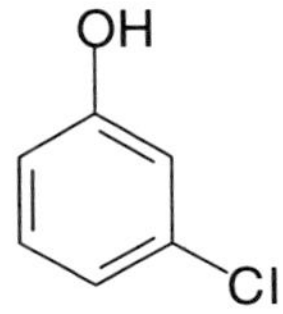 OH / Cl

m-chlorophénol

e)

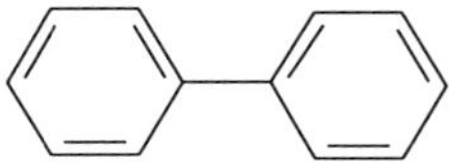

biphényle

f)

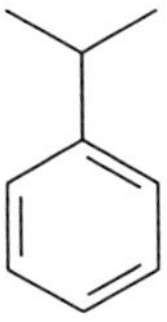

isopropylbenzène

6. (suite)

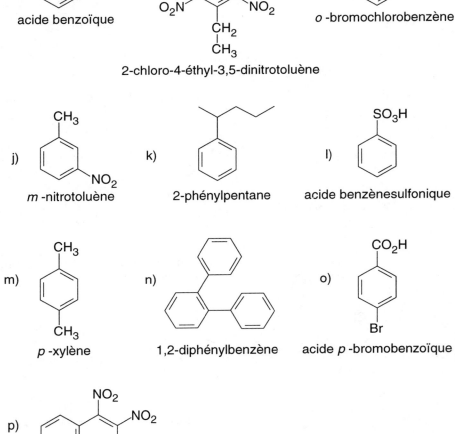

g) acide benzoïque

h) 2-chloro-4-éthyl-3,5-dinitrotoluène

i) *o*-bromochlorobenzène

j) *m*-nitrotoluène

k) 2-phénylpentane

l) acide benzènesulfonique

m) *p*-xylène

n) 1,2-diphénylbenzène

o) acide *p*-bromobenzoïque

p) 1,2,5-trinitronaphtalène

Exercices complémentaires

1. a) —OH (il contient de l'oxygène (fonction), alors que les autres ne
   3   contiennent que du carbone et de l'hydrogène (groupes)));

   b) CH_3—CH_2—CH_2—CH_3 (le seul non ramifié);
                  1

   c) CH_3—$\overset{\overset{\textstyle O}{\|}}{C}$—H (le seul aldéhyde, les autres étant des cétones).
        3

2. Dans b), sont homologues:

   CH_3—$\underset{\underset{\textstyle CH_3}{|}}{CH}$—$CH_2$—$CH_3$ CH_3—CH_2—CH_2—$\underset{\underset{\textstyle CH_3}{|}}{CH}$—$CH_3$ CH_3—$\underset{\underset{\textstyle CH_3}{|}}{CH}$—$CH_3$
              2   3   4

   Dans c), sont homologues:

   CH_3—$\overset{\overset{\textstyle O}{\|}}{C}$—$CH_3$ CH_3—CH_2—$\overset{\overset{\textstyle O}{\|}}{C}$—$CH_3$ CH_3—$\overset{\overset{\textstyle O}{\|}}{C}$—$CH_2$—$CH_2$—$CH_3$
        1   2   4

3. Le point d'ébullition de l'octane doit être supérieur à 69°C. En effet, il est de 126°C car la chaîne carbonée est plus longue. Le contact entre les molécules (liaisons de London) est plus grand.

4. Celui de:
   a) l'éthane: plus petit (-88,6°C) car il n'y a plus de liaisons hydrogène possibles;

   b) l'acide acétique: plus élevé (117,7°C); la présence d'un autre atome d'oxygène augmente les possibilités de liaisons hydrogène.

5. Le cyclopropène ne peut exister. Les tensions d'angles à l'intérieur de cette molécule cyclique seraient trop élevées.

6. Non. Il s'agit en fait du pentane. Une remarque: lorsque vous nommez un composé en série acyclique, le méthyle n'est jamais en position 1.

7. a) Hydrocarbure acyclique ramifié insaturé: $CH_3-\underset{\underset{CH_3}{|}}{C}=CH-CH_3$

b) Substance contenant un carbone tertiaire: $CH_3-\overset{3°}{\underset{\underset{CH_3}{|}}{CH}}-CH_2-CH_3$

c) Homologue supérieur de

$\overset{H_3C}{\underset{H_3C}{>}}CH-CH_2-CH_2-OH$ est $\overset{H_3C}{\underset{H_3C}{>}}CH-CH_2-CH_2-CH_2-OH$

d) Cycloalcane dont tous les carbones sont dans le même plan: △ ou ☐

e) Hydrocarbure dont la liaison C—C serait plus courte que dans $CH_2{=}CH_2$

la liaison triple de: $CH_3-C{\equiv}CH$

f) Voici les composés correspondants aux formules moléculaires données:

1) $CH_3-CH{=}CH_2$ et △

2) $CH_3-CH_2-CH_2-CH_2-CH_2-OH$ et $CH_3-CH_2-CH_2-CH_2-O-CH_3$

3) $CH_3-CH_2-CH{=}CH-NH_2$ et ☐$-NH_2$

4) $CH_3-\underset{\underset{Cl}{|}}{CH}-\underset{\underset{Cl}{|}}{CH}-CH_3$ et $CH_3-CH_2-CH_2-\underset{\underset{Cl}{|}}{CH}-Cl$

8. a) $CH_3-\overset{\overset{CH_3}{|}}{CH}-CH_2-CH_2-CH_3$

2-méthylpentane

b)

1,2-diméthylcyclohexane

c)

cyclohexane

d) $CH_3-\overset{\overset{CH_3}{|}}{CH}-CH_2-CH_2-CH_3$

isohexane
2-méthylpentane

8. (suite)

e)
$$CH_3-\underset{\underset{CH_3}{|}}{\overset{\overset{CH_3}{|}}{C}}-CH_2-CH_3$$

2,2-diméthylbutane

f)
$$CH_3-\underset{\underset{CH_3}{|}}{\overset{\overset{CH_3}{|}}{C}}-\underset{\underset{CH_3}{|}}{CH}-CH_2-CH_3$$

2,2,3- triméthylpentane

g) $H-C\equiv C-H$

acétylène

h)
$$CH_3-\underset{\underset{CH_3}{|}}{CH}-\underset{\underset{CH_3}{|}}{\overset{\overset{CH_3}{|}}{\underset{}{C}}}-\underset{\underset{\underset{\underset{CH_3}{|}}{CH-CH_3}}{|}}{CH}-\underset{\underset{}{\overset{\overset{CH_3CH_3}{||}}{C}}}-CH-CH_2-CH_3$$

3,4-diéthyl-5-isopropyl-2,3,5,6-tétraméthyloctane

9.
$$CH_3-CH_2-CH_2-\underset{\underset{CH_3}{|}}{CH}-CH_2-CH_3$$
a

3-méthylhexane

$$CH_3-\underset{\underset{CH_3}{|}}{CH}-CH_2-CH_2-\underset{\underset{CH_3}{|}}{\overset{\overset{CH_3}{|}}{C}}-CH_3$$
e

2,2,5-triméthylhexane

$$CH_3-\underset{\underset{CH_3}{|}}{CH}-\underset{\underset{CH=CH_2}{|}}{CH}-CH_3$$
b

3,4-diméthylpent-1-ène

$(CH_3)_2CH-[CH_2]_5-CH_3$
f

2-méthyloctane

$$CH_3-\underset{\underset{CH_3}{|}}{\overset{\overset{CH_3}{|}}{C}}-\underset{\underset{CH_3}{|}}{\overset{\overset{CH_3}{|}}{C}}-CH_3$$
c

2,2,3,3-tétraméthylbutane

$$\begin{array}{c}\overset{\overset{C_4H_9}{|}}{CH_3-C-CH_3}\\CH_3-CH\\\underset{\underset{CH_2-CH_3}{}}{|}\end{array}$$
g

3,4,4-triméthyloctane

$$CH_3-\underset{\underset{C_4H_9}{|}}{\overset{\overset{C_2H_5}{|}}{C}}-CH_2-CH_2-CH_3$$
d

4-éthyl-4-méthyloctane

h

méthylcyclohexane

10. a) CH_3-CH_2-OH
    alcool

   b) $CHCl_3$ halogénure

   c) 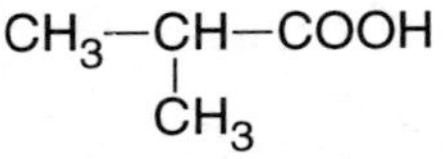 $CH_3-CH-COOH$
      $\quad\quad\quad |$
      $\quad\quad CH_3$
      acide carboxylique

   d) 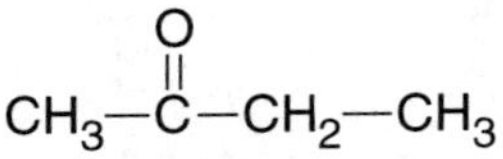 $CH_3-\overset{\overset{\displaystyle O}{\|}}{C}-CH_2-CH_3$
      cétone

   e) $CH_3-CH=CH-CH_3$
      alcène

   f) 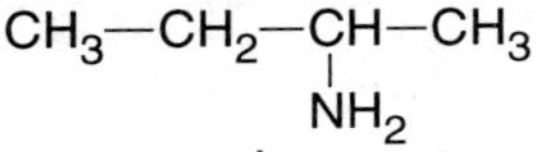 $CH_3-CH_2-CH-CH_3$
      $\quad\quad\quad\quad\quad |$
      $\quad\quad\quad\quad NH_2$
      amine

   g) 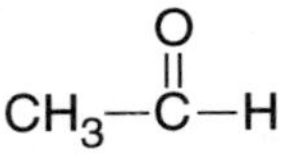 $CH_3-\overset{\overset{\displaystyle O}{\|}}{C}-H$
      aldéhyde

   h) 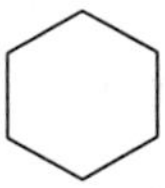
      cycloalcane

   i) 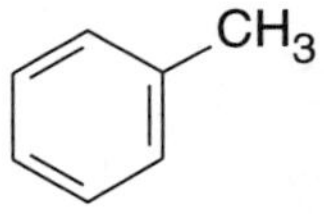
      hydrocarbure benzénique

   j) 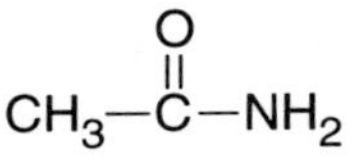 $CH_3-\overset{\overset{\displaystyle O}{\|}}{C}-NH_2$
      amide

11. a) ester $-\overset{\overset{\displaystyle O}{\|}}{C}-O-R$

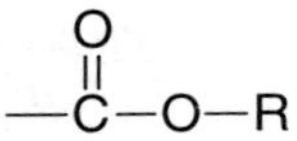

    b) alcool $-OH$

    c) amide $-\overset{\overset{\displaystyle O}{\|}}{C}-NH_2$

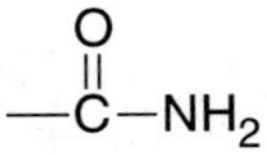

    d) bromure d'alkyle $R-Br$

    e) alcène $\overset{\diagdown}{\underset{\diagup}{C}}=\overset{\diagup}{\underset{\diagdown}{C}}$

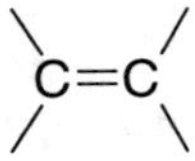

    f) hydrocarbure benzénique $-R$

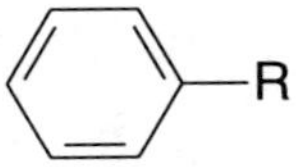

    g) chlorure d'acide $-\overset{\overset{\displaystyle O}{\|}}{C}-Cl$

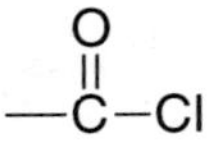

12. Pour les formules suivantes, le type de liaison est directement lié à l'hybridation du carbone, ainsi:

   sp^3 implique 4 liaisons σ

   sp^2 implique 3 liaisons σ et 1 liaison π

   sp implique 2 liaisons σ et 2 liaisons π.

a)
$$\overset{sp}{H}C\overset{sp}{\equiv}C\overset{sp^2}{-}CH\overset{sp^2}{=}CH\overset{sp^3}{-}CH_3$$

e)  sp^2 pour chacun des C

b)
$$CH_2\overset{sp^2}{=}C\overset{sp}{=}O$$

f) 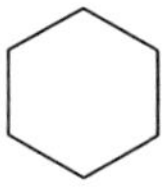 sp^3 pour chacun des C

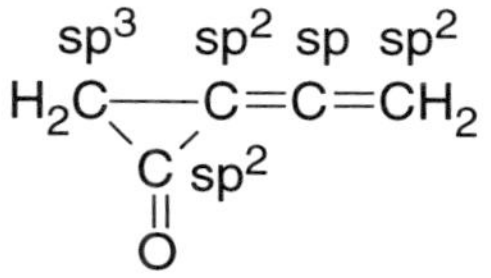

c)
$$\overset{sp^3}{H_2C}\overset{sp^2}{-}\overset{sp}{C}=\overset{sp^2}{C}=CH_2$$
$$\underset{O}{\overset{\|}{\underset{}{C}}}\,sp^2$$

g)

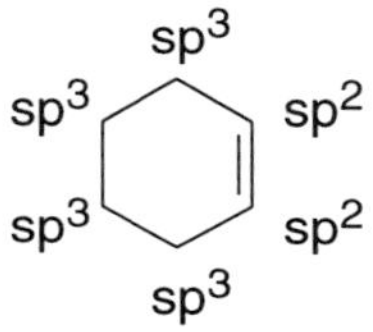

d)
$$\overset{sp^3}{CH_3}-\overset{sp^3}{CH_2}-\overset{O}{\overset{\|}{\underset{sp^2}{C}}}-O-\overset{sp^3}{CH_3}$$

h) CH=CH$_2$ sp^2 pour chacun des C

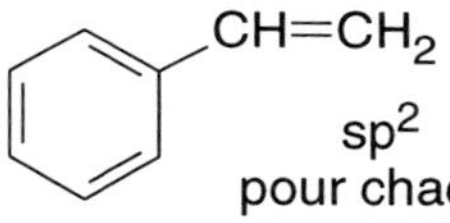

13.

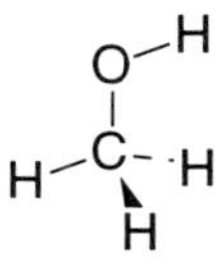

a) méthanol

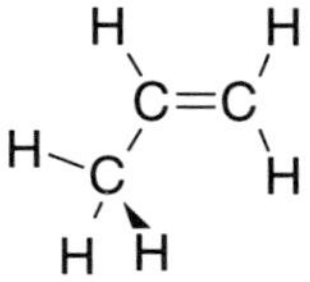

b) propène

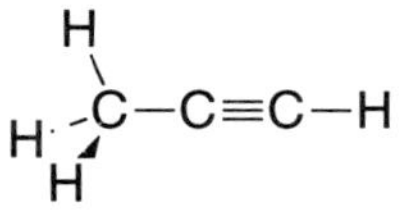

$CH_3-C\equiv CH$

c) propyne

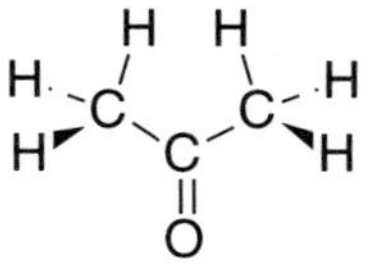

d) acétone

13. (suite)

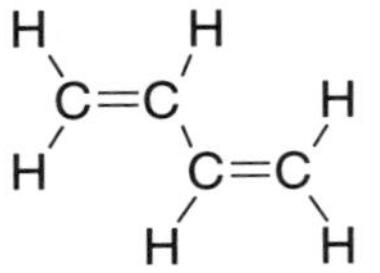

e) buta-1,3-diène

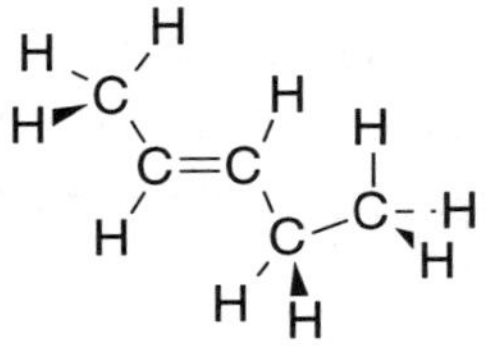

$CH_3-CH=CH-CH_2-CH_3$

f) pent-2-ène

14. a) Les composés e et j ont toutes leurs liaisons dans le même plan.

b) Tous les composés mentionnés peuvent avoir tous leurs carbones dans le même plan à l'exception de d et h.

15.

Nom du groupe	Formule du groupe
méthyle	$-CH_3$
benzyle	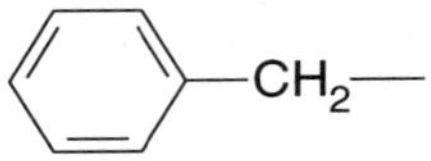 $-CH_2-$
phényle	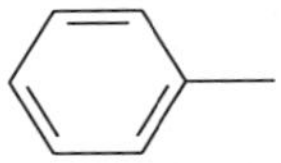
butyle secondaire	$CH_3-CH-CH_2-CH_3$
butyle tertiaire	$CH_3-C-\overset{\displaystyle CH_3}{\underset{\displaystyle CH_3}{}}$
isopropyle	CH_3-CH- $\quad\;\; CH_3$
cyclohexyle	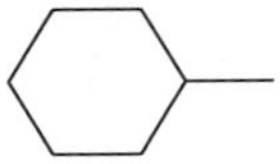
cyclopropyle	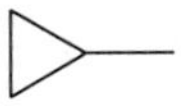
éthyle	CH_3-CH_2-

16.

Nom de la fonction	Exemple de molécule portant la fonction
chlorure d'acide	$CH_3-\overset{\overset{\textstyle O}{\|}}{C}-Cl$
cétone	$CH_3-\overset{\overset{\textstyle O}{\|}}{C}-CH_3$
éther	CH_3OCH_3
halogénure (chlorure)	CH_3-Cl
amine	$CH_3-CH_2-NH_2$
alcool	CH_3-OH
amide	$CH_3-\overset{\overset{\textstyle O}{\|}}{C}-NH_2$
nitrile	$CH_3-CH_2-C\equiv N$
anhydride	$CH_3-\overset{\overset{\textstyle O}{\|}}{C}-O-\overset{\overset{\textstyle O}{\|}}{C}-CH_3$
acide carboxylique	$CH_3-\overset{\overset{\textstyle O}{\|}}{C}-OH$
aldéhyde	$CH_3-\overset{\overset{\textstyle O}{\|}}{C}-H$
alcyne	$CH_3-C\equiv CH$
alcène	$CH_3-CH=CH-CH_3$
ester	$CH_3-\overset{\overset{\textstyle O}{\|}}{C}-O-CH_3$

17. a) cyclohexa-1,4-diène

   b) 2-méthylcyclopent-2-én-1-ol

   c) 2,2-diméthoxypentane

   d) hexa-1,3,5-triène

   e) 2-éthylpent-1-én-4-yne

   f) 2-bromo-4-méthylphénol

   g) 1,4,4-triméthylcyclohex-1-ène

   h) 2,5-dichloro-1-naphtol

   i) 4-éthylpent-4-én-2-ol

   j) hex-3-én-1-yne.

——————— ✳ ———————

L'ISOMÉRIE 3

3.1 et 3.2 Présentation et isomérie de structure

1. Des composés chimiques sont dits *isomères* s'ils ont la même formule moléculaire (même composition chimique). Ces substances diffèrent par leur structure, c'est-à-dire l'enchaînement de leurs atomes, et par leurs propriétés physiques et chimiques.

2. L'isomérie de structure est le type d'isomérie le plus général pouvant exister. La seule condition pour que deux substances soient dites *isomères de structure* est d'avoir la même formule moléculaire.

   Quant à la stéréoisomérie, elle implique l'organisation spatiale des atomes. Sa représentation fait appel à la géométrie et aux positions relatives de tous les substituants.

3. Il leur suffit d'avoir la même formule moléculaire.

4. a) Leurs propriétés chimiques sont très semblables; elles se distinguent par leurs propriétés physiques.

   b) Leurs propriétés physiques et chimiques sont très différentes.

5. Des substances isomères, mais ne faisant pas partie de la même famille chimique, sont appelées: isomères de__*constitution*___.

6. Des substances isomères faisant partie d'une même famille chimique sont appelées: isomères de ___*position*_____.

7. Elles doivent avoir

   • la même formule moléculaire

   • porter la même fonction.

8. Note: dans le but d'alléger la présentation, les atomes d'hydrogène portés par les carbones ne sont pas indiqués.

a) $C_4H_{11}N$

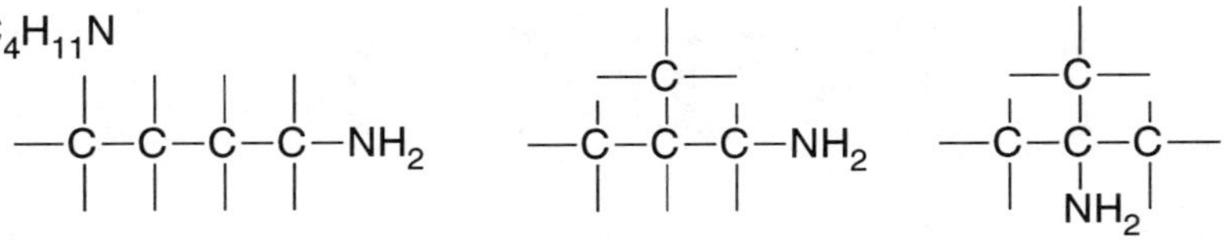

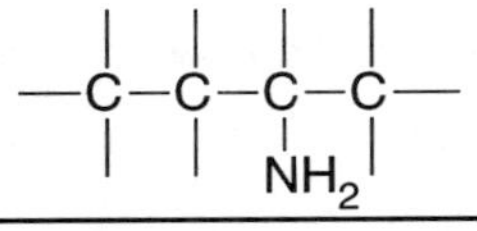

$-C-C-C-C-NH_2$

+ d'autres de formules générales: $R-NH-R$ et $R-N-R$ (avec R)

b) C_5H_{12}

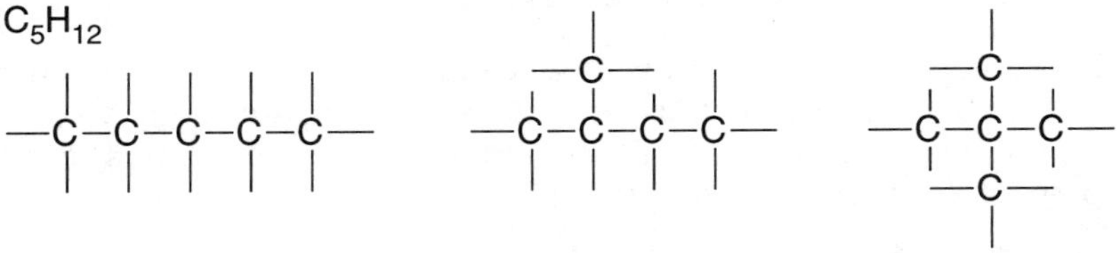

c) $C_5H_{11}Cl$

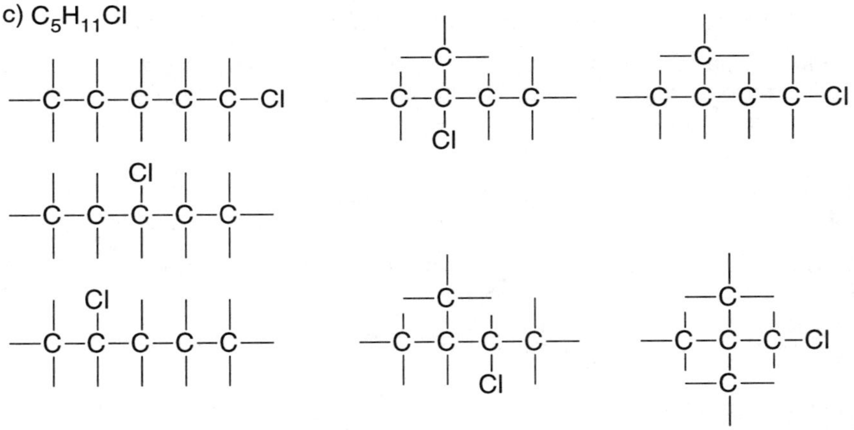

cétones

d) $C_5H_{10}O$ Il y a des cétones et des aldéhydes de même que plusieurs autres isomères qui ne sont pas montrés ici:

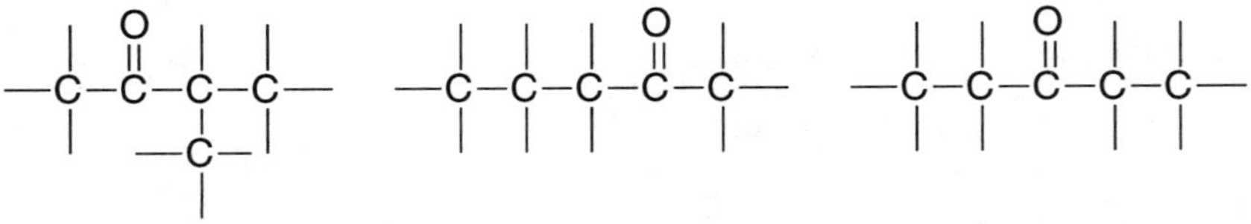

8.d) (suite...) $C_5H_{10}O$ aldéhydes

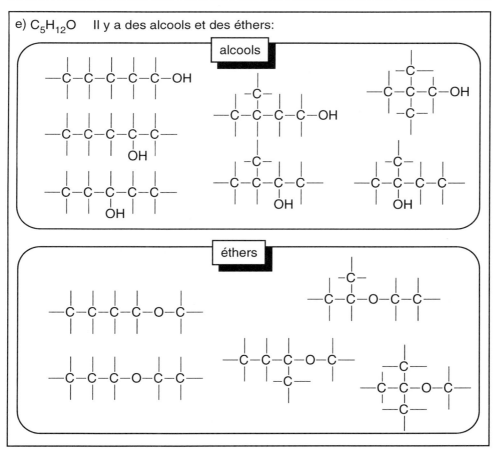

e) $C_5H_{12}O$ Il y a des alcools et des éthers:

alcools

éthers

8. (suite)

f) C_6H_{14}

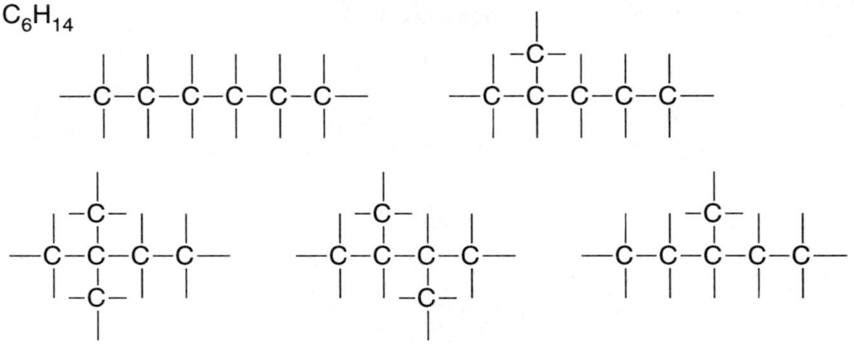

3.3 Stéréoisomérie

1. L'orientation dans l'espace des différentes parties qui les constituent.

2. C'est un atome de carbone ayant quatre substituants différents et dont l'hybridation est sp^3.

Exemple:

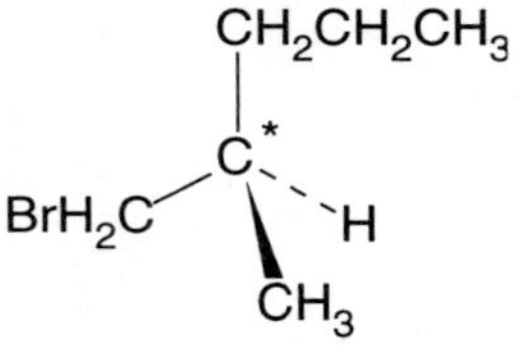

3. Les positions relatives des substituants autour d'un carbone asymétrique.

4. Les carbones asymétriques sur les molécules suivantes sont encadrés:

a)

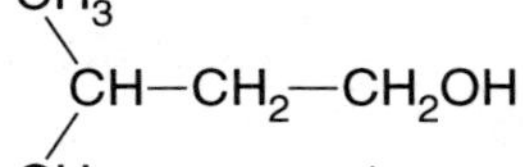

aucun c*

b)

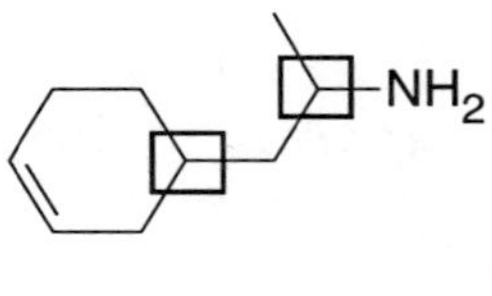

c)

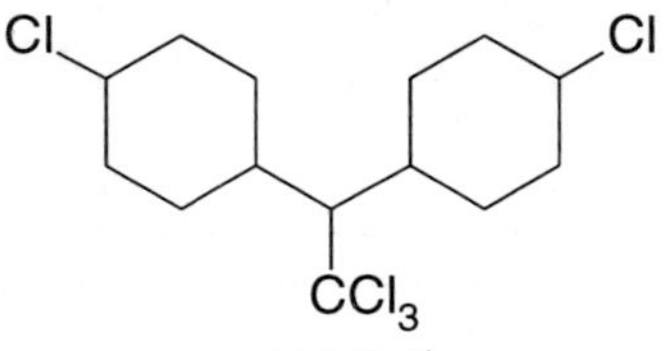

aucun c*

d)

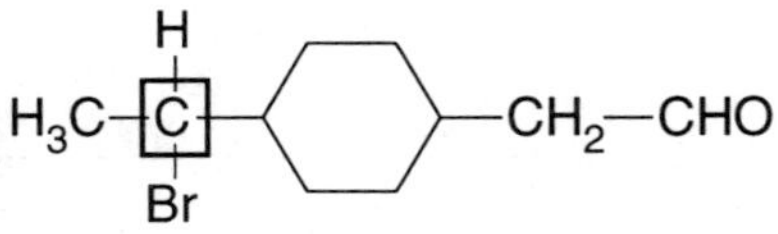

5. Configuration: **ordre** des substituants autour d'un carbone asymétrique donné.

6. Deux façons. Elles sont des images l'une de l'autre dans un miroir.

7. Seuls les carbones hybridés sp^3 possèdent quatre substituants différents, condition de base pour obtenir des images de miroir.

8. Un objet est chiral si son image dans un miroir ne lui est pas superposable.

9. Les deux isomères optiques du 1-bromo-2-méthylpentane:

(R)-1-bromo-2-méthylpentane   (S)-1-bromo-2-méthylpentane

10. Énantiomères, énantiomorphes, antipodes optiques.

11. Il faut la présence d'au moins un carbone asymétrique.

12. Le pouvoir rotatoire. Toutes les molécules chirales ont la propriété de faire tourner le plan de la lumière polarisée d'un certain angle. La valeur numérique de l'angle s'appelle pouvoir rotatoire et le polarimètre sert à la mesurer. Deux énantiomères ont toujours la même valeur absolue du pouvoir rotatoire, mais de signe contraire.

13. Non. On n'a pas encore trouvé de formule théorique ni de méthode géométrique pour le prévoir. Le pouvoir rotatoire est **mesuré** au moyen d'un polarimètre.

14. L'énantiomère dextrogyre, (+), fait tourner le plan de la lumière polarisée vers la droite. L'énantiomère lévogyre, (-), la fait dévier vers la gauche.

15. (+)-pentan-2-ol pour l'énantiomère dextrogyre.
    (-)-pentan-2-ol pour l'autre énantiomère.

16. a) (R)-3-chloro-2-méthylpentane,
    b) (R)-2-méthylpentan-3-ol.

Mélange racémique

17. Mélange équimoléculaire de deux énantiomères.

18. On utilise ($\pm$) ou (RS).

19. Parce que toutes leurs propriétés chimiques et physiques sont identiques sauf le pouvoir rotatoire.

20. a) Faire réagir le mélange avec une troisième substance optiquement active de façon à produire des composés à deux carbones asymétriques. Les produits obtenus sont séparés par cristallisation et chacun des énantiomères peut être récupéré séparément après certaines réactions chimiques.

    b) Faire détruire l'un des deux isomères par un micro-organisme et récupérer l'isomère restant. Ce procédé peut être intéressant, mais il a toujours le désavantage de faire perdre la moitié du mélange racémique.

21. a) $C_4H_{10}O$

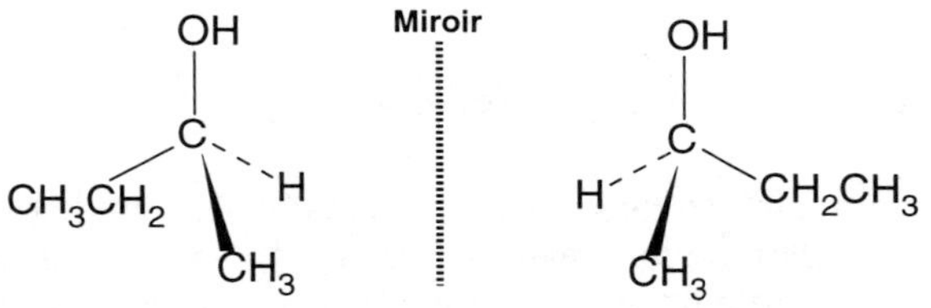

(S)-butan-2-ol   (R)-butan-2-ol

    b) 1-chloro-1-phénylpropane

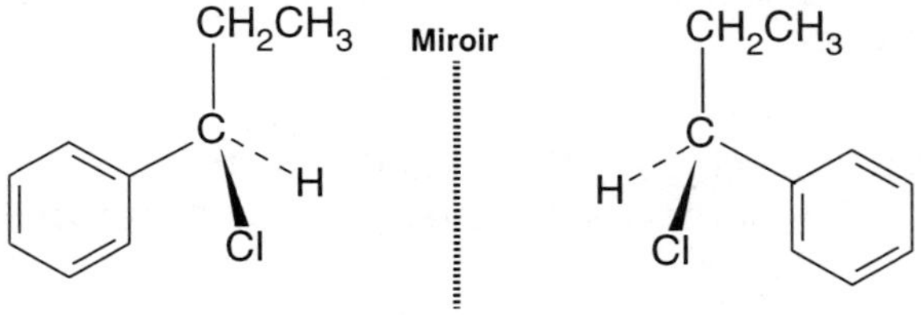

(R)-1-chloro-1-phénylpropane   (S)-1-chloro-1-phénylpropane

Cas des molécules à deux carbones asymétriques

22. a)

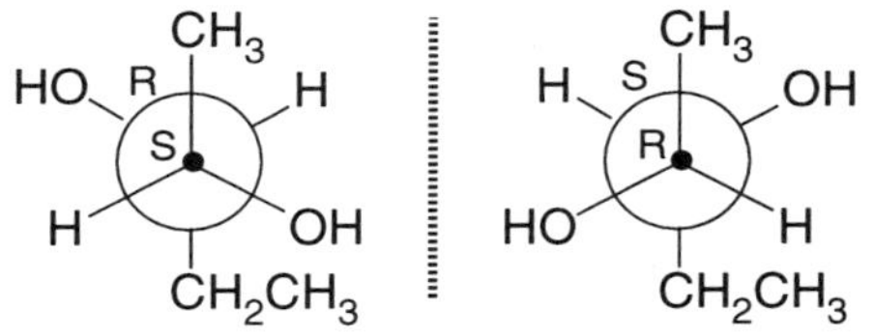

érythro

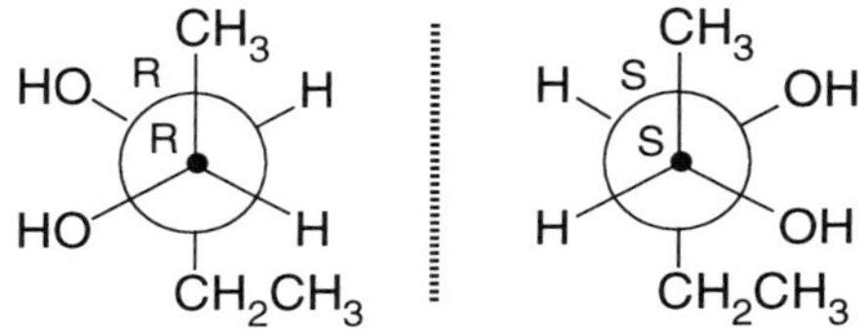

thréo

b)

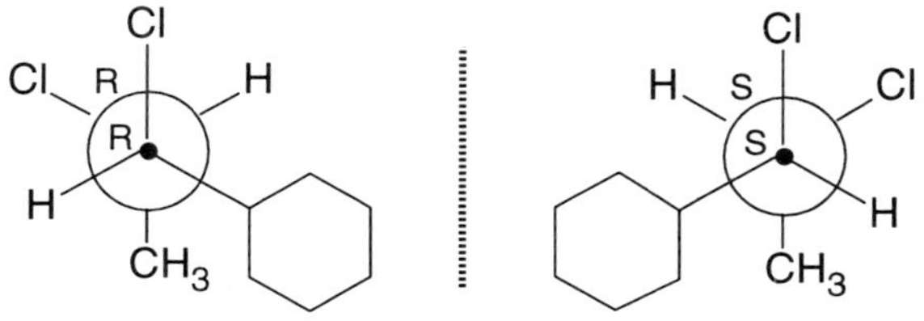

thréo

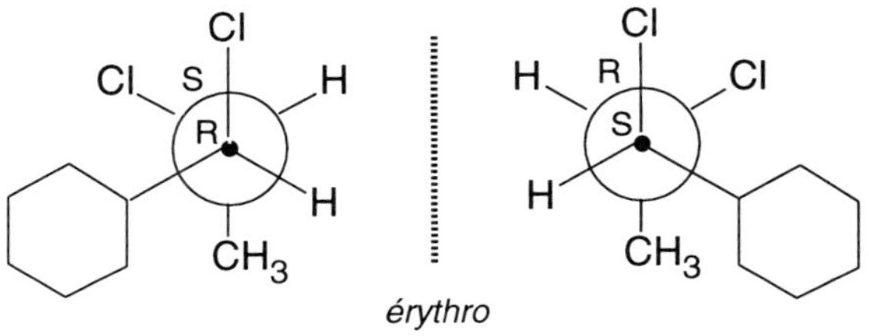

érythro

23. 2^n où n = nombre de carbones asymétriques.

24. Parmi les isomères optiques générés par la présence d'au moins deux carbones asymétriques, les molécules de chacune des paires sont dites diastéréoisomères par rapport aux molécules des autres paires; elles n'en sont pas des images dans un miroir mais elles en sont les stéréoisomères. Leurs propriétés physiques et chimiques peuvent être différentes, ce qui permet de les séparer.

25. Stéréoisomères du 3-bromobutan-2-ol:

26. a) 3 carbones asymétriques, donc possibilité de 8 stéréoisomères.

    b) 2 carbones asymétriques, donc possibilité de 4 stéréoisomères.

    c) Aucun.

    d) Aucun.

27. a) 2-chloro-3-méthylbutane (un seul C asymétrique)

$(CH_3)_2CH$ — C — Cl, H, CH_3 | $HC(CH_3)_2$ — C — H, Cl, H_3C

   b) 4-bromo-2,3-diméthylhexane (deux C asymétriques):

CH_3CH_2, CH_3, H, H, $CH(CH_3)_2$, Br | CH_3, H, CH_2CH_3, $(CH_3)_2CH$, H, Br

CH_3, H, H, CH_2CH_3, $CH(CH_3)_2$, Br | CH_3CH_2, CH_3, H, $(CH_3)_2CH$, H, Br

28. Ces deux paires de molécules se différencient beaucoup plus que les énantiomères entre eux dans chaque paire. En effet, les molécules de chacune des paires sont dites diastéréoisomères par rapport aux molécules des autres paires; elles n'en sont pas des images dans un miroir; elles en sont les stéréoisomères. Leurs propriétés physiques et chimiques peuvent être différentes, ce qui permet de les séparer.

29. Oui. Il est beaucoup plus facile de séparer deux diastéréoisomères. Leurs propriétés physiques et chimiques peuvent être différentes, ce qui permet de les séparer. Dans le cas d'énantiomères à séparer, la tâche est beaucoup plus complexe parce que les deux molécules possèdent les mêmes propriétés physiques et chimiques et ne diffèrent que par le signe du pouvoir rotatoire.

30. a) Dans les cas où il y a deux ou trois paires de substituants semblables sur les deux carbones asymétriques.

    b) Oui, puisqu'on retrouve deux paires de substituants semblables (méthyle et hydrogène) sur les carbones asymétriques.

31. Vrai.

32. L'isomère*méso* possède trois paires de substituants identiques répartis sur chacun des deux carbones asymétriques et, qui plus est, il est possible d'éclipser simultanément chaque substituant de chacune des paires.

Par exemple:

33. Le nombre d'isomères passe à trois: une paire *thréo* et un isomère *méso* (optiquement inactif).

34. a) 2-chloropentan-3-ol

34. (suite)

b) butane-2,3-diol

thréo

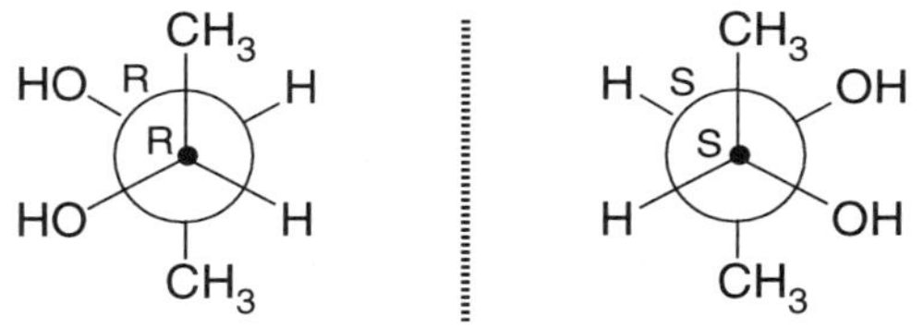

méso

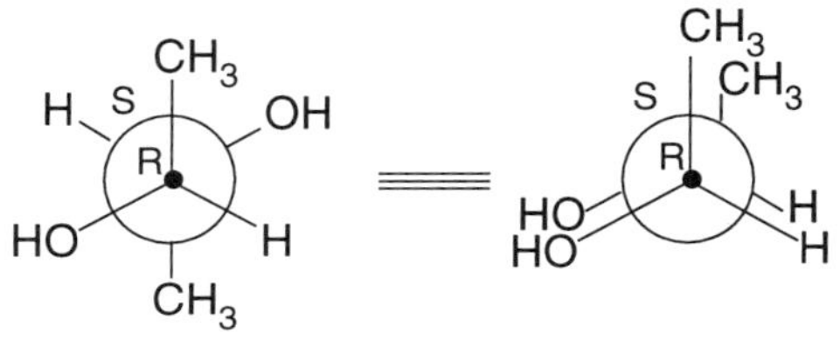

c) 2-bromo-3-chloro-4-méthylpentane

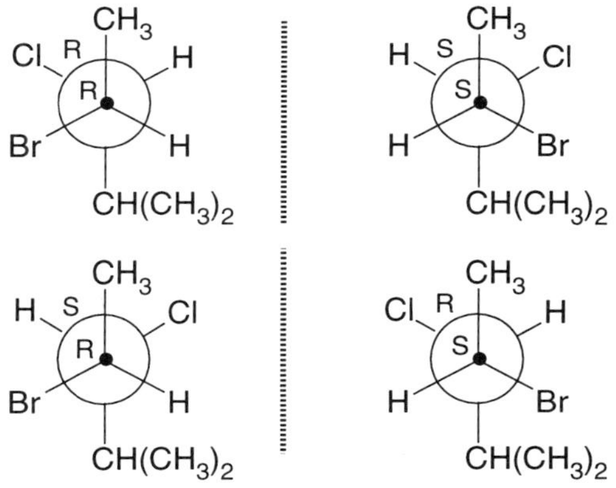

35. • Les composés (a), (b), (d), (f) et (h) sont *thréo*.

• Les composés (c) et (g) sont *érythro*.

• Le composé (e) est *méso* et n'a pas de relation avec aucun des huit autres puisqu'il n'a même pas la même formule moléculaire.

• Le composé (i) n'est ni *thréo*, ni *érythro*, ni *méso* puisqu'il n'a qu'un seul carbone asymétrique. C'est un isomère de position des autres (sauf de (e), bien sûr).

• Tous les isomères *thréo* (a), (b), (d), (f) et (h) sont des diastéréoisomères des isomères *érythro* (c) et (g) et vice-versa.

35. (suite)

- (c) et (g) sont des énantiomères.

- (a) et (h) sont conformères.

- (b), (d) et (f) sont conformères.

- (a) et (h) sont énantiomères de (b), (d), et (f) et vice-versa.

36. a)

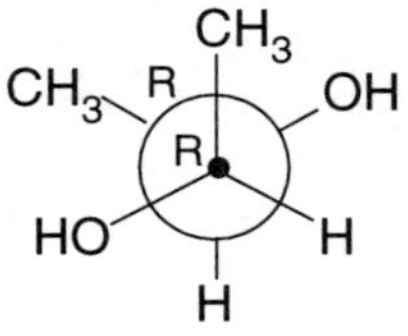

et

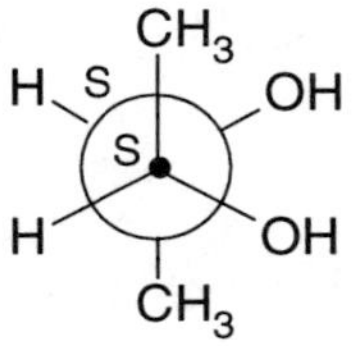

Ce sont deux énantiomères *thréo* .

b)

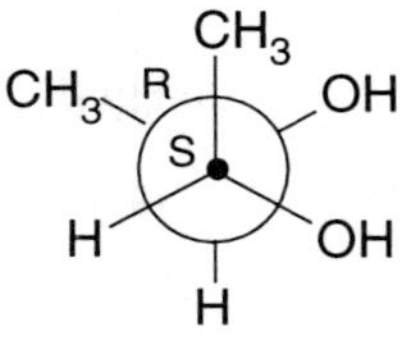

et

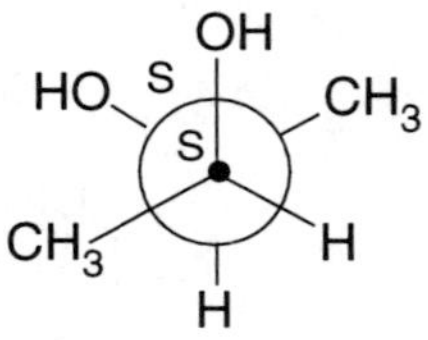

méso *thréo*

Ce sont deux diastéréoisomères.

c)

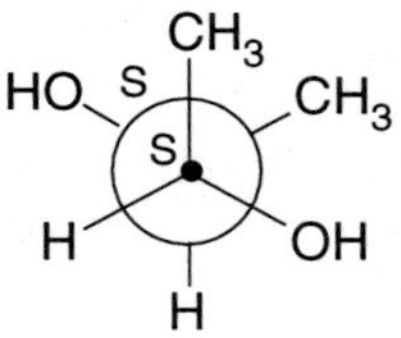

et

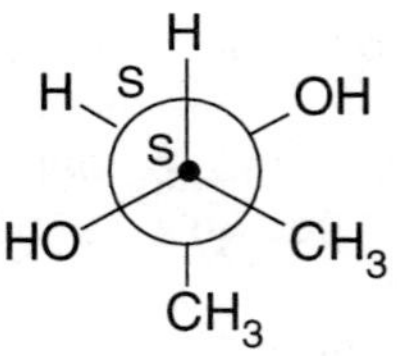

Il s'agit d'un seul et même composé *thréo* ,
donc conformères.

Projections de Fischer

37. Les stéréoisomères
   a) du 2-chloro-3-nitropentane, CH_3—$CH(Cl)$—$CH(NO_2)$—CH_2—CH_3

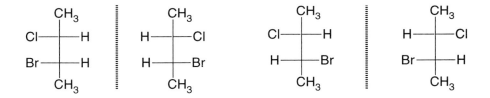

```
      CH3    ┊     CH3          CH3    ┊     CH3
  Cl──┼──H   ┊  H──┼──Cl    Cl──┼──H   ┊  H──┼──Cl
 O2N──┼──H   ┊  H──┼──NO2   H──┼──NO2  ┊ O2N──┼──H
    CH2CH3   ┊   CH2CH3        CH2CH3  ┊   CH2CH3
```

   b) de $HOCH_2$—$CH(OH)$—$CH(OH)$—CH_3

```
      CH2OH   ┊    CH2OH          CH2OH    ┊      CH2OH
  HO──┼──H    ┊ H──┼──OH     HO──┼──H      ┊  H──┼──OH
  HO──┼──H    ┊ H──┼──OH      H──┼──OH     ┊ HO──┼──H
     CH3      ┊   CH3            CH3       ┊     CH3
```

   c) de CH_3—$CH(Cl)$—$CH(Br)$—CH_3

```
      CH3    ┊     CH3          CH3    ┊     CH3
  Cl──┼──H   ┊  H──┼──Cl    Cl──┼──H   ┊  H──┼──Cl
  Br──┼──H   ┊  H──┼──Br     H──┼──Br  ┊ Br──┼──H
     CH3     ┊    CH3           CH3    ┊     CH3
```

38.
```
      CH2CH3            CHO              CH3
  Cl──┼──CH3      Br──*┼──H       HO──*┼──H
   H──┼──H         H──┼──H         H──*┼──OH
     CH3              CH3              CH3
       a                b                c
```

| Aucun stéréoisomère, il n'y a pas de carbone asymétrique. | Deux stéréoisomères, un seul carbone asymétrique. | Trois stéréoisomères, deux carbones asymétriques, mais avec un plan de symétrie, un des isomères est *méso* . |

3.4 Isomérie géométrique

1. Les cas les plus communs d'isomérie géométrique se retrouvent chez les alcènes et les cycles.

2. Les substituants sont répartis différemment de part et d'autre de la liaison double (système rigide).

$$
\underset{H}{\overset{Br}{\diagdown}}C=C\underset{CH_3}{\overset{Cl}{\diagup}}
\qquad
\underset{Br}{\overset{H}{\diagdown}}C=C\underset{CH_3}{\overset{Cl}{\diagup}}
$$

Les stéréoisomères du 1-bromo-2-chloropropène.

3. Ce type d'isomérie est dû à la présence d'un système rigide, i.e. qui ne permet pas de rotation libre autour de la liaison C=C . C'est le cas pour une liaison double ou pour un cycle. En plus, il faut évidemment que les deux substituants portés par les carbones soient différents.

4. Les molécules b, c (autour de la liaison double de droite), et f peuvent donner lieu à de l'isomérie géométrique

5. a) Les isomères du 1-bromo-1-fluorobut-1-ène:

$$
\underset{F}{\overset{Br}{\diagdown}}C=C\underset{H}{\overset{CH_2CH_3}{\diagup}}
\qquad
\underset{Br}{\overset{F}{\diagdown}}C=C\underset{H}{\overset{CH_2CH_3}{\diagup}}
$$

Z $\qquad\qquad\qquad$ E $\qquad$ (priorité au Br et au CH_2CH_3)

b) Les isomères du 1-bromo-2-chlorocyclopropane:

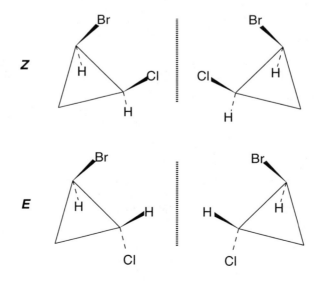

6. Non. La terminologie *cis/trans* convient s'il n'y a que deux substituants différents. La terminologie *E/Z* doit prendre la relève quand il y a trois ou quatre substituants différents de part et d'autre du système rigide.

7. a) 1,2-dichlorocyclopropane:

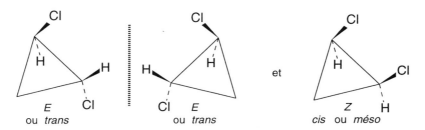

E ou *trans*	*E* ou *trans*	et *cis* ou *méso*

b) 1-bromo-3-chlorocyclobutane:

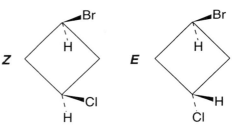

c) 2,4-diméthylhex-3-ène

CH₃CH₂ ... H
C=C
CH₃ **E** CH(CH₃)₂

CH₃CH₂ ... CH(CH₃)₂
C=C
CH₃ **Z** H

8. a)

8. (suite)

b)

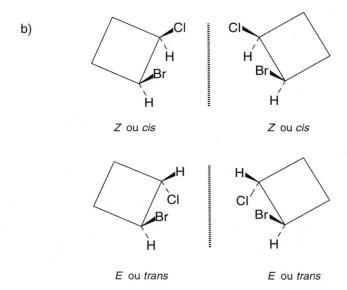

Z ou *cis*   Z ou *cis*

E ou *trans*   E ou *trans*

Exercices complémentaires

---

1. a) 3-chloropent-1-ène

b) 3-chloro-4-méthylpent-1-ène

c) HOOCCH$_2$CHOHCOOH

d) $C_6H_5CH(CH_3)NH_2$

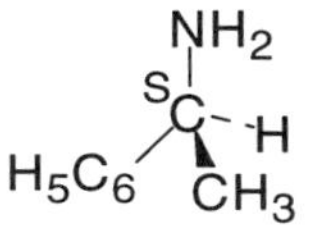

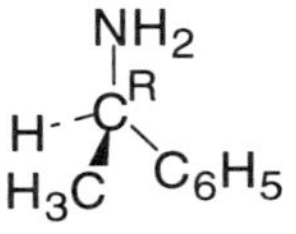

e) $C_6H_5CHOHCOOH$

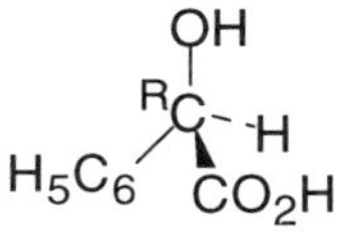

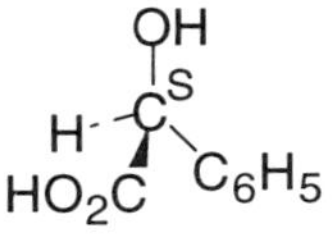

f) $CH_3CH(NH_2)COOH$

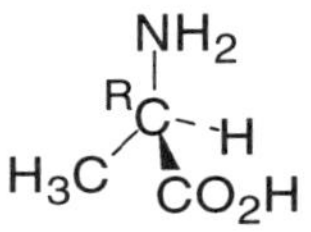

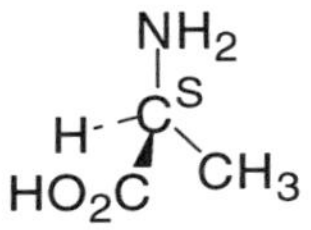

———— ✳ ————

RÉACTIVITÉ 4
RÉACTIFS
RÉACTIONS

Réactivité des substances organiques

4.1 et 4.2 Réactivité générale et polarité

1. Dans le cas des substances inorganiques, il est assez facile d'analyser les réactions et d'en prévoir les produits puisque, la plupart du temps, les sites positifs et négatifs sont bien localisés et bien définis; ils se retrouvent souvent sur un petit nombre d'atomes (cations et anions). Par contre, sur les molécules organiques, les ions sont rares. Les molécules portent plusieurs liaisons C—H peu polaires. On retrouve parfois des liaisons multiples et des éléments plus électronégatifs comme O, N, ou X (halogènes), mais rarement des ions. On doit donc s'attendre à ce que les réactions soient assez lentes et à ce que les points d'attaque des réactifs soient moins évidents.

2. D'abord, l'électronégativité de l'atome d'oxygène déforme les deux liaisons O—H, ce qui crée des dipôles permanents; ensuite l'addition vectorielle de ces moments dipolaires (dipôles) donne un moment $\mu > 0$ à cause du type d'hybridation de l'oxygène qui crée un angle de liaison de 104,5°.

3. Le méthane ne porte pas d'élément très électronégatif comme l'oxygène; mais ce ne serait pas une raison suffisante pour le déclarer non polaire. Sa structure présentant une symétrie parfaite, explique sa non polarité.

- Géométrie tétraédrique: parfaite symétrie.
- Quatre liaisons C—H identiques.

4. Le méthanol et l'eau portent tous deux la liaison polaire O—H dont la polarité n'est pas annulée par la forme géométrique. Les deux molécules sont donc polaires et elles peuvent s'attirer l'une l'autre de façon très efficace par l'entremise de liaisons hydrogène. Quant à l'hexane, il est non polaire, contrairement à l'eau, donc possibilité très réduite de s'y dissoudre.

Méthanol

5. Non. On connaît plusieurs cas où, malgré la présence de liaisons très polaires, la polarité globale d'une molécule peut être nulle à cause de sa géométrie. C'est le cas notamment du tétrachlorure de carbone et du dioxyde de carbone.

6. L'augmentation du nombre de liaisons C—C (non polaires) et de liaisons C—H (peu polaires) réduit la polarité, d'où,

   d) CH_3—$[CH_2]_6$—OH < b) CH_3—CH_2—CH_2—CH_2—OH

   < c) CH_3—CH_2—OH < a) CH_3—OH

7. a) CH_3—$\overset{\delta^+}{C}H$—CH_3 avec $\overset{\delta^-}{Cl}$

   b) $\overset{\delta^-}{O}$ lié par double liaison à $\overset{\delta^+}{C}$—H sur un cycle benzénique

   (il existe d'autres sites positifs sur cette molécule; ils sont précisés à la section 4.4)

   c) CH_3—$\overset{\delta^-}{\underset{\delta^+}{C}}$—$\overset{\delta^-}{O}\overset{\delta^+}{H}$ avec $\overset{\delta^-}{O}$ en double liaison

   d) CH_3—CH_2—$\overset{\delta^+}{C}H_2$—$\overset{\delta^-}{N}H_2$

8. Puisque l'ion hydroxyde possède un caractère négatif, il s'attaquera de préférence aux carbones porteurs de charges partielles positives δ^+.

   a) CH_3—CH_2—$\overset{\delta^+}{C}H$—$\overset{\delta^-}{Br}$ avec CH_3

   b) CH_3—$\overset{\delta^-\ \ \delta^+}{\underset{\delta^+}{C}}$—O—$CH_2$—$CH_3$ avec $\overset{\delta^-}{O}$ en double liaison
   (Attaque surtout sur le carbone du carbonyle, parce que les électrons de ce C sont attirés par deux oxygènes.)

   c) CH_3—CH_2—$\overset{\delta^+}{C}H$—$\overset{\delta^+}{C}H_2$ avec $\overset{\delta^-}{O}$
   (répulsion)
   attaque du réactif HO^-
   (Ce carbone est légèrement favorisé parce que la charge positive du carbone voisin est partiellement neutralisée par la répulsion du groupe éthyle.)

   d) CH_3—(cycle benzénique)—$\overset{\delta^+}{C}H_2$—$\overset{\delta^-}{Cl}$

4.3 Effet inductif

---

1. Sur une molécule à plusieurs carbones, la seule présence d'un élément très électronégatif ne crée pas nécessairement une polarité importante. Mais sa présence peut avoir des effets importants sur le cours d'une réaction. Donc l'atome très électronégatif polarise de proche en proche d'autres liaisons, quoique de façon décroissante, grâce à la polarisabilité des liaisons. C'est ce qu'on appelle l'effet inductif.

2. Le chlore attire à lui le doublet d'une liaison σ. Il rend légèrement positif (déficient en électrons) le carbone auquel il est rattaché, lequel à son tour attire le doublet de la liaison suivante, et ainsi de suite. Mais cet effet décroit rapidement et devient très faible après quatre liaisons.

3. Ce sont deux acides faibles. Dans les deux cas, l'atome de brome est sur le carbone 5. Les deux atomes Br identiques exercent le même effet attractif. Ce qui fait la différence, c'est la présence, dans *b*, d'une liaison π, très polarisable, qui transmet plus efficacement l'effet d'attration que ne le font les liaisons σ dans *a*. L'effet parvient donc avec plus de force jusqu'au doublet de la liaison O—H; c'est ce qui fait que l'acide *b* possède une constante de dissociation plus élevée (acide relativement plus fort que *a*). En d'autres mots, le départ de l'ion H^+ est favorisé par la présence du Br et de la liaison double.

4. a) NH_2 < OH < I < Br < Cl < F

   b) CH_3 < CH_3CH_2 < $(CH_3)_2CH$ < $(CH_3)_3C$

   c) Dans les effets inductifs répulsifs, seules les liaisons C—H sont impliquées (faible différence d'électronégativité) alors que dans les effets inductifs attractifs, on retrouve des liaisons fortement polarisées telles que: C—X, C—O et C—N. Donc l'effet inductif attractif prédomine sur l'effet inductif répulsif.

5. a) 2. est plus acide parce que le chlore est plus électronégatif que le brome.

   b) 2. est plus acide parce qu'il contient moins d'effets répulsifs que 1.

   c) 2. est plus acide parce que la fonction OH est plus près de la fonction acide carboxylique. Son effet inductif attractif se transmet plus efficacement.

6. a) 2. est une meilleure base parce que la disponibilité des électrons sur l'oxygène est amplifiée par l'effet répulsif de la chaîne carbonée.

   b) 1. est plus fort pour la même raison qu'en (a).

   c) 2. est plus fort à cause des effets répulsifs de deux méthyles au lieu d'un seul comme sur 1.

4.4 Effet mésomère

1. a) Tous les C sont hybridés sp^2.

   b) Les 6 liaisons σ C—C sont identiques.

   c) Les 6 électrons π sont répartis uniformément de part et d'autre du plan contenant les 6 atomes C.

   d) Les 6 liaisons C—C ont la même longueur: 0,140 nm.

   e) L'enthalpie d'hydrogénation est environ 3/5 de celle prévue par un modèle théorique de la molécule.

2. La molécule de benzène est beaucoup plus stable que prévu à partir d'un modèle théorique. À cause de la délocalisation des électrons π, le niveau énergétique de cette molécule est abaissé, elle est donc plus stable. L'écart énergétique entre la molécule réelle et le modèle est appelé *énergie de résonance.*

3. Formation des orbitales π dans la molécule de benzène:

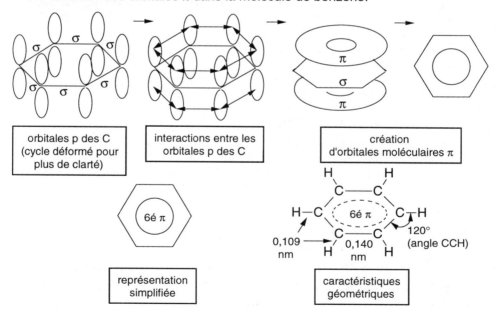

4. Il y a équivalence entre les formes limites de résonance de la molécule de benzène.

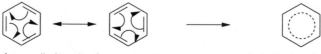

formes limites de résonance   hybride de résonance

5. Décrire la mésomérie d'un système consiste à représenter par des flèches courbes les déplacements d'électrons d'un système conjugué afin d'en trouver les formes limites et l'hybride de résonance.

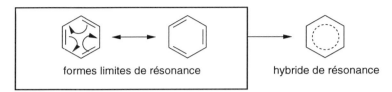

formes limites de résonance   hybride de résonance

6. Pour pouvoir affirmer qu'une molécule présente le phénomène de mésomérie, elle doit correspondre aux deux critères suivants:

a) présence d'électrons π et/ou de doublets d'électrons disponibles sur certains éléments comme O, N, S, X (halogènes):

$$-\ddot{\text{O}}- \quad -\ddot{\text{N}}- \quad -\ddot{\text{S}}- \quad -\ddot{\text{X}}\!: \quad \overset{\backslash}{\underset{/}{\text{C}}}\!\!\overset{\pi}{=}\!\!\overset{/}{\underset{\backslash}{\text{C}}} \quad -\text{C}\overset{\pi}{\underset{\pi}{\equiv}}\text{C}-$$

b) ces électrons doivent faire partie d'un système conjugué; en voici trois exemples:

$$CH_2\!\!=\!\!CH\!-\!CH\!\!=\!\!CH\!-\!CH\!\!=\!\!CH_2$$

$$-\overset{\overset{\text{O}}{\|}}{\text{C}}-\text{C}\!\!=\!\!\text{C}\overset{/}{\underset{\backslash}{}}$$

7. Un système conjugué consiste en une alternance d'électrons faiblement liés (π ou doublets) et de liaisons simples. Exemple:

$$-CH\!\!=\!\!CH\!-\!\overset{\overset{\text{O}}{\|}}{\text{C}}\!-\!CH_3$$

La section encadrée contient un système conjugué.

8. Formes limites et l'hybride de résonance:

a) le méthoxybenzène

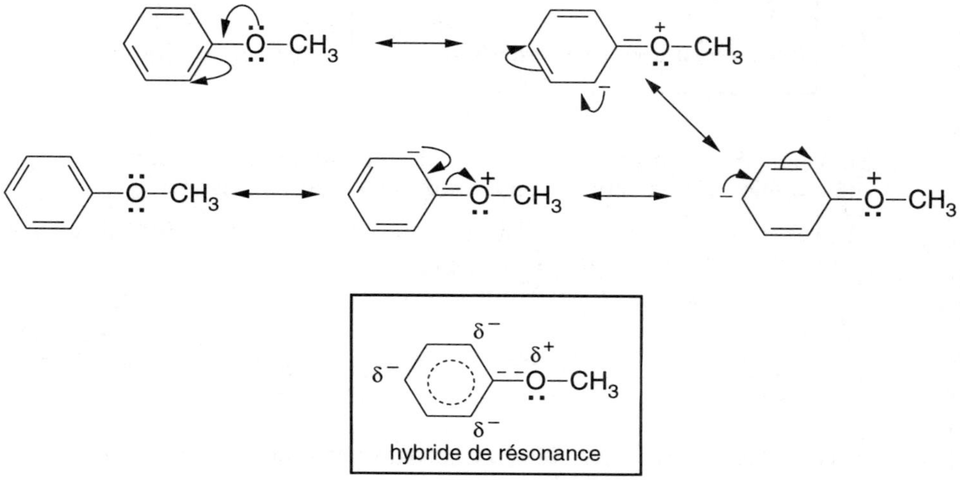

hybride de résonance

b) l'ion benzyle

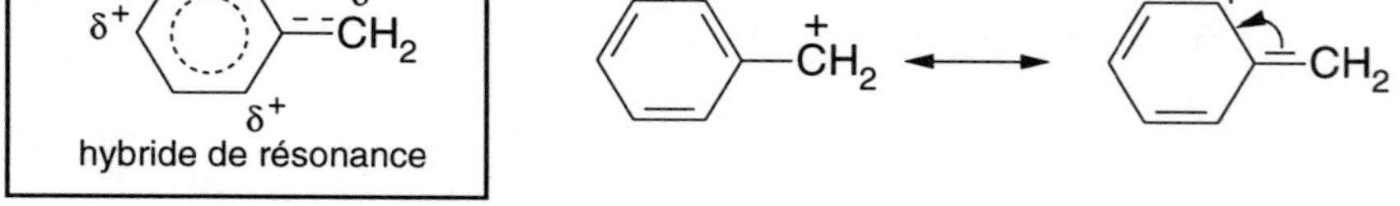

hybride de résonance

8. (suite)

c) l'allylphénylcétone

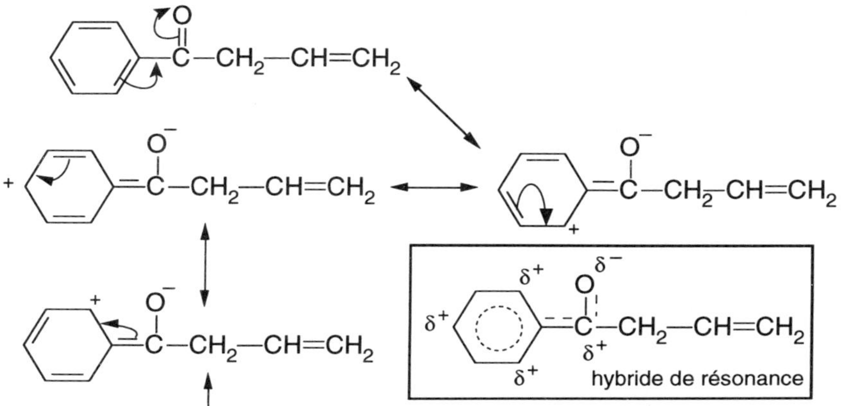

Note: la chaîne $-CH_2-CH=CH_2$ n'est pas conjuguée avec le reste de la molécule; elle ne participe donc pas à la résonance.

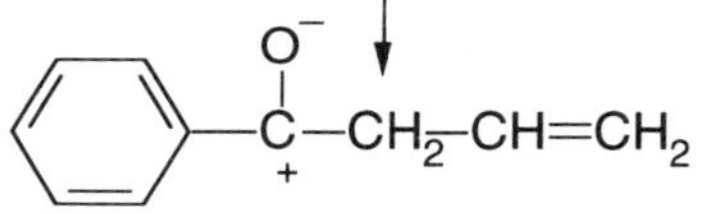

d) la *N*-éthylaniline

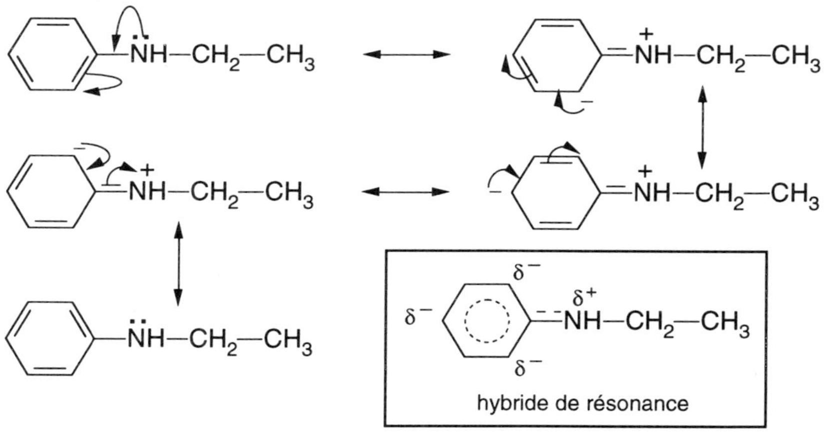

e) le penta-1,3-diène

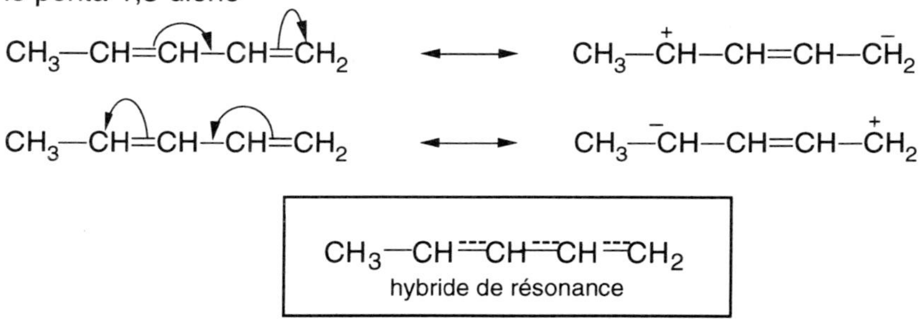

8. (suite)
   f) le 3-chlorotoluène

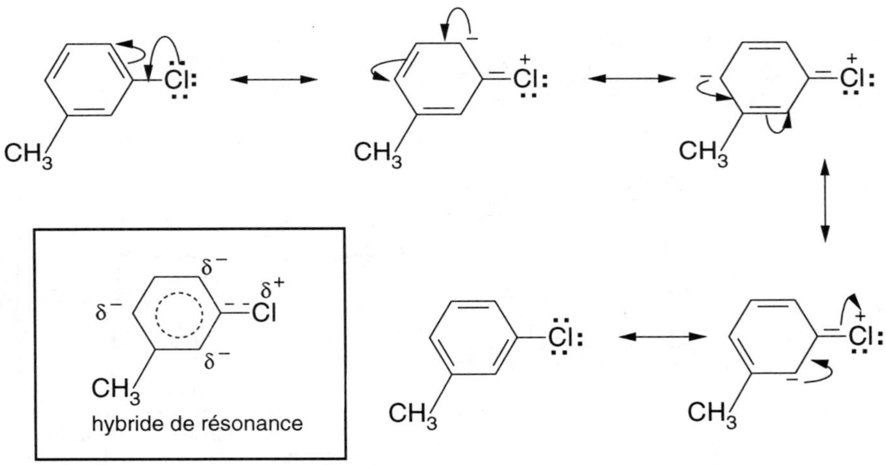

hybride de résonance

g) le benzonitrile

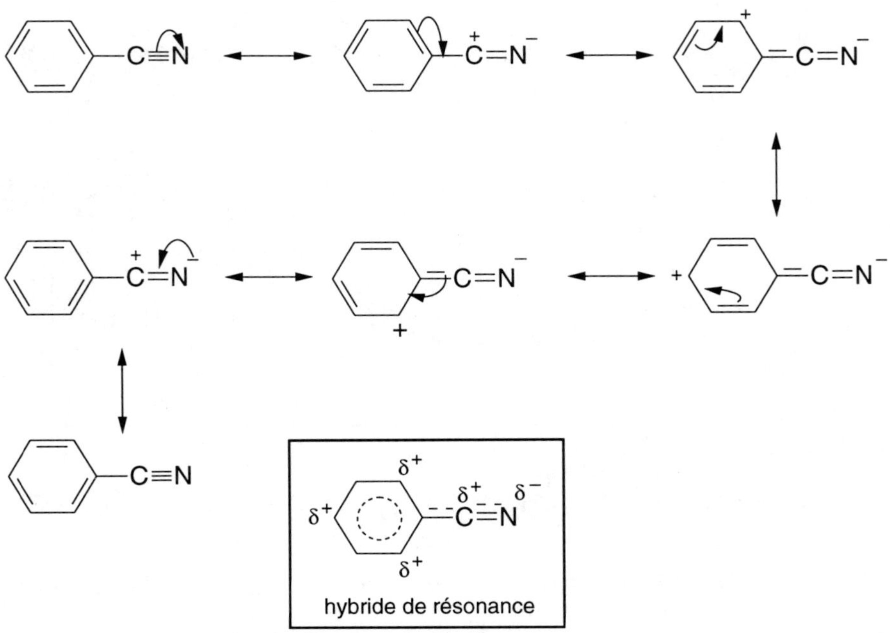

hybride de résonance

8. (suite)

h) l'ion benzoate

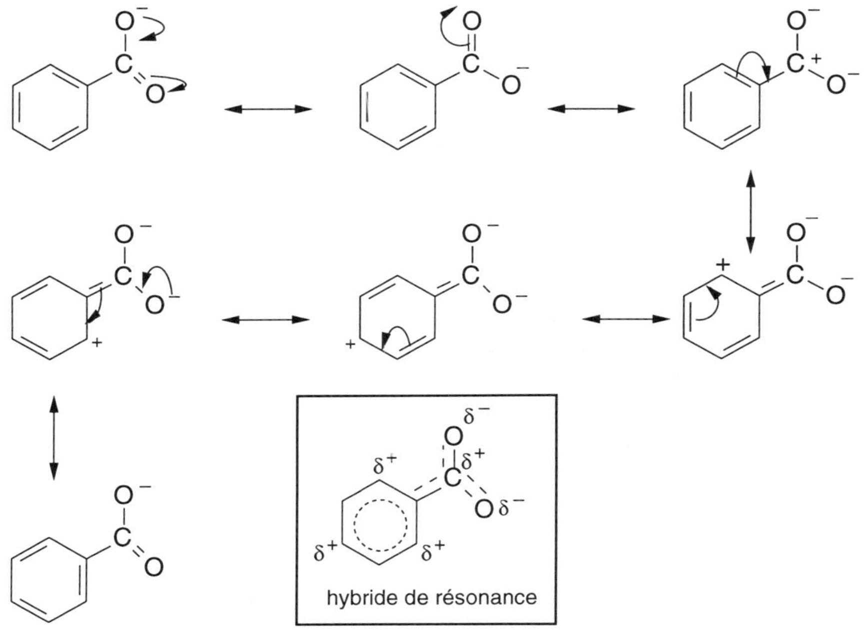

hybride de résonance

9. a) le nitrobenzène

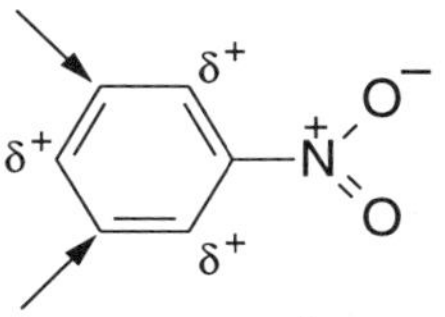

(entrée de R⁺ en
méta par défaut)

b) l'acide benzoïque

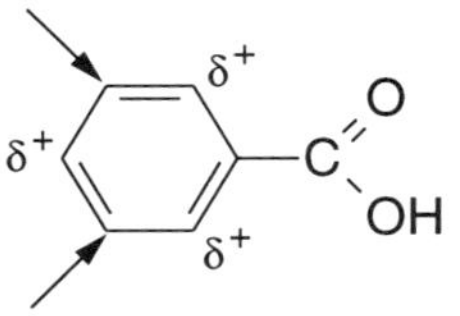

(entrée de R⁺ en
méta par défaut)

c) l'ion benzoate

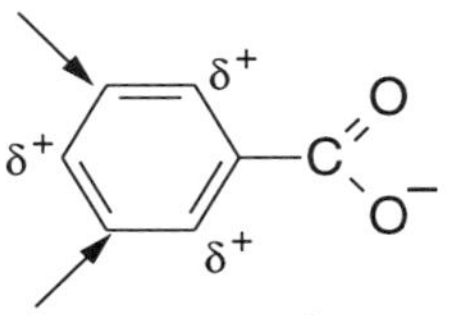

(entrée de R⁺ en
méta par défaut)

d) le bromobenzène

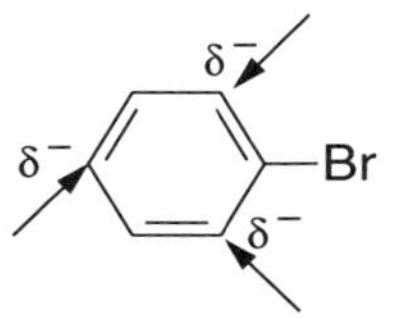

(entrée de R⁺ sur les
positions activées
ortho et *para*)

e) l'acétophénone

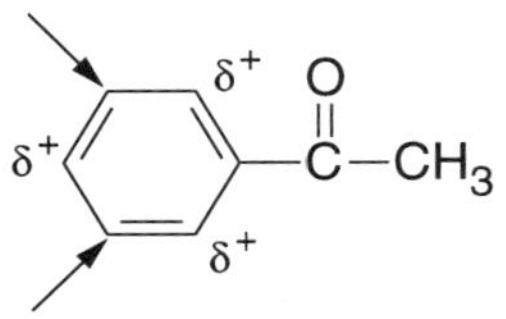

(entrée de R⁺ en
méta par défaut)

f) l'aniline

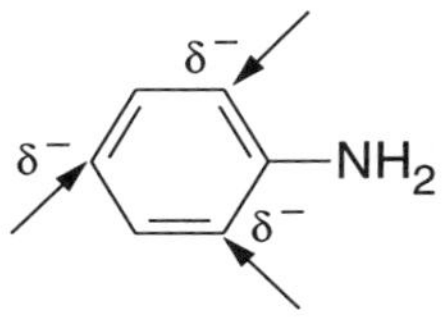

(entrée de R⁺ sur les
positions activées
ortho et *para*)

Types de réactifs

4.5 Réactifs ioniques ou polaires

1. a) Les réactifs ioniques ou polaires: H_2O, HO^-, HBr.

   b) Les réactifs non polaires: Cl_2, O_2, H_2, $CH_2{=}CH_2$.

2. Un nucléophile est un réactif qui a tendance à **donner** des électrons à un substrat polarisé ou à un cation. En voici quelques exemples:

   $(CH_3)_3C\overset{-}{O}$ HO^- CN^- CH_3O^- $CH_2{=}CH_2$

   doublets d'électrons disponibles   doublet π disponible

3. Un électrophile: toute particule (cation ou acide de Lewis) susceptible **d'accepter** des électrons. En voici des exemples:

   H^+ R^+ $\overset{+}{N}O_2$ $R{-}\overset{+}{C}{=}O$ $R{-}\overset{+}{N}_2$ | $AlCl_3$ BF_3 $ZnCl_2$
   trois acides de Lewis

4. a) Les réactifs nucléophiles:

   $CH_2{=}CH_2$ RO^- ROH $\overline{N}H_2$ H^-

   CH_3O^- H_2O $\overline{R}$ RNH_2 HO^- X^-

   Br^- CN^- ROR $RCOO^-$ NH_3

   b) Les réactifs électrophiles:

   $H\overset{+}{S}O_3$ H^+ Cl^+ $R{-}\overset{+}{C}{=}O$ $\overset{+}{N}O_2$ R^+ $R{-}\overset{+}{N}_2$

   $AlCl_3$ $ZnCl_2$ BF_3 acides de Lewis

5. a) $\bar{N}H_2$ > $CH_3-\overset{\cdot\cdot}{N}H$ > $CH_3-\overset{\cdot\cdot}{N}H_2$ > ⬡$-\overset{\cdot\cdot}{N}H_2$
                          |
            1.   2. CH_3 3.   4.

très fort à cause   plus fort que 3 à   faible parce que le   très faible parce
de la charge sur   cause des deux   doublet de N est peu   que le doublet
N   effets répulsifs des   disponible   sur N participe à
                        méthyles   la résonance
                                                                          avec le cycle

  b) I^- > Br^- > Cl^- > F^-

  c) $(CH_3)_3\bar{C}$ > $(CH_3)_3C-\bar{N}H$ > $(CH_3)_3C\bar{O}$

      (parce que l'électronégativité varie comme suit: C < N < O)

  d) $CH_3-CH_2\bar{O}$ > $CH_3-CH_2-\overset{\cdot\cdot}{\underset{\cdot\cdot}{O}}H$ > ⬡$-\overset{\cdot\cdot}{\underset{\cdot\cdot}{O}}-H$

      très fort à cause de la   faible, parce que le   très faible parce que le
      charge sur O   doublet sur O est   doublet sur O participe à la
                                    peu disponible   résonance avec le cycle

                                                        O
                                                        ||
  e) $CH_3N\bar{H}$ > $CH_3\bar{O}$ > $CH_3-C-\bar{O}$ > $CH_3-\overset{\cdot\cdot}{\underset{\cdot\cdot}{O}}H$
      1.   2.   3.   4.

1 et 2 sont très forts à cause de la charge,   nucléophile moyen puisque   faible, le
mais 1 est plus fort que 2 puisque N est   la charge fait partie d'un   doublet sur
moins électronégatif que O   système conjugué, les   O est peu
                                                    électrons sont délocalisés   disponible

4.6 Autres réactifs

1. • Molécules non polaires:

   H_2 Cl_2 Br_2 I_2 O_2

   • métaux:

   Zn Pd Ni Pt

   • composés fortement oxygénés:

   $KMnO_4$ $K_2Cr_2O_7$ O_3 OsO_4 O_2

   • composés fortement hydrogénés:

   $NaBH_4$ $LiAlH_4$ H_2

2. Oxydation: **diminution** du nombre de liaisons C—H.

   Réduction: **augmentation** du nombre de liaisons C—H.

3. a) $CH_3—CH=CH_2$ $\xrightarrow[\text{ou LiAlH}_4]{\overset{H_2 \text{ (avec Ni ou Pt ou Pd)}}{\underset{\text{ou NaBH}_4}{}}}$ $CH_3—CH_2—CH_3$

   b) $CH_3—CH_3$ $\xrightarrow{Cl_2}$ $CH_3—CH_2—Cl$

   c) $\underset{H}{\overset{R}{C}}=O$ $\xrightarrow[\text{ou } O_3 \text{ ou } O_2]{\overset{\text{ou KMnO}_4}{\underset{OsO_4}{\text{ou K}_2Cr_2O_7}}}$ $\underset{HO}{\overset{R}{C}}=O$

   aldéhyde   acide carboxylique

   d) C_nH_{2n-2} $\xrightarrow[\text{ou LiAlH}_4]{\overset{H_2 \text{ (avec Ni ou Pt ou Pd)}}{\underset{\text{ou NaBH}_4}{}}}$ C_nH_{2n+2}

   alcyne   alcane

   e) $CH_2=CH_2$ $\xrightarrow{Br_2}$ $Br—CH_2—CH_2—Br$

Réactions

4.7 Généralités

1. Substrat: la molécule organique qui est transformée par un réactif inorganique ou organique.

2. $CH_3-CH=CH_2$ + HCl $\longrightarrow$ $CH_3-CHCl-CH_3$
     substrat

   selon l'équation équilibrée:

   1 mole + 1 mole $\longrightarrow$ 1 mole

   donc: x $\longleftarrow$ 0,100 mole

   alors: x = 0,100 mole de HCl soit 3,65 g.

4.8 Thermodynamique et cinétique des réactions

1. a) ***Énergie potentielle:*** énergie associée aux interactions entre les molécules au niveau des liaisons brisées et formées et impliquant atomes et électrons.

   b) ***État initial:*** niveau énergétique dans lequel se trouvent le substrat et le réactif avant toute réaction.

   c) ***État de transition:*** niveau d'énergie instable correspondant à la formation du complexe activé.

   d) ***État final:*** niveau énergétique des produits de réaction.

   e) ***Complexe activé:*** structure temporaire instable impliquant le substrat et le réactif dans lequel une liaison est en train de se briser et une autre en train de se former; on ne peut pas l'isoler; on ne peut que le détecter; mais c'est suffisant pour l'étudier.

   f) ***Énergie d'activation:*** énergie minimum requise pour atteindre le niveau d'énergie associé à l'état de transition.

1. (suite)

   g) **Chaleur de réaction ou enthalpie (ΔH):** différence énergétique entre l'état final et l'état initial.

   h) **Intermédiaire:** espèce chimique (carbocation, carbanion ou radical libre) qui se forme au cours d'une réaction chimique; sa vie est très courte; il est difficilement isolable.

   i) **Réaction globale:** ensemble des étapes d'une réaction; elle comprend l'état initial, le (ou les) état(s) de transition, le (ou les) intermédiaire(s) et l'état final.

2. Diagramme énergétique montrant le déroulement d'une réaction simple (celle qui s'effectue en une seule étape):

   a) réaction dont $\Delta H < 0$:

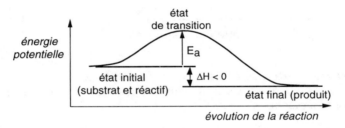

   b) réaction dont $\Delta H > 0$:

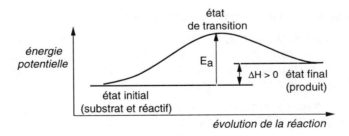

3. En utilisant un catalyseur. L'effet du catalyseur est de diminuer la valeur de l'énergie d'activation.

4. Diagramme énergétique montrant le déroulement d'une réaction complexe (par exemple celle qui s'effectue en deux étapes):

a) réaction dont $\Delta H < 0$:

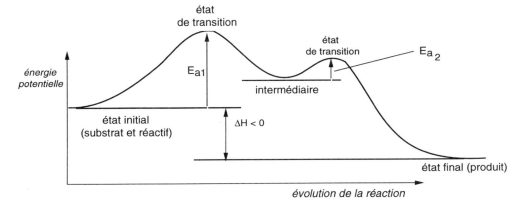

b) réaction dont $\Delta H > 0$.

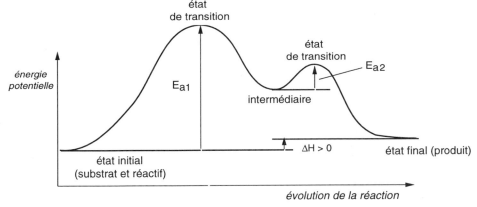

4.9 Types de ruptures et intermédiaires de réaction

---

1. a) La rupture homolytique: $CH_3{-}CH_3 \longrightarrow \overset{.}{C}H_3 + \overset{.}{C}H_3$

　　　　　　　　　　　　　éthane　　　　　　　　deux radicaux libres

b) La rupture hétérolytique:

$$CH_3{-}\underset{\underset{CH_3}{|}}{\overset{\overset{CH_3}{|}}{C}}{-}Cl \longrightarrow CH_3{-}\underset{\underset{CH_3}{|}}{\overset{\overset{CH_3}{|}}{C}}{+} + Cl^-$$

　　　2-chloro-2-méthylpropane　　　　un carbocation

2. a) Les ruptures hétérolytiques correspondent à des réactions à caractère ionique, c'est-à-dire impliquant des ions (carbocations ou carbanions, du moins en ce qui concerne le substrat).

   b) Les ruptures homolytiques correspondent à des réactions radicalaires, celles qui impliquent des radicaux libres.

3. Le radical libre est neutre mais très réactif à cause de la présence d'un électron libre. Les ions sont chargés positivement (déficience en électrons, 1 électron en général dans le cas de l'ion issu du substrat) ou négativement (excès de 1 électron la plupart du temps).

4. On observe l'ordre de stabilité suivant: $3° > 2° > 1°$.

5.

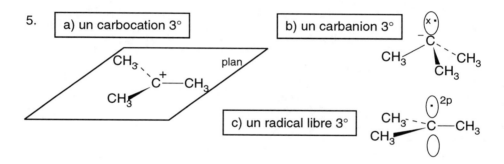

6. Le carbocation tertiaire est plus stable à cause de l'effet inductif qui neutralise partiellement la charge portée par le carbone central.

7. Stabilité relative des carbocations:

   a) $(CH_3)_3\overset{+}{C}$ > $(CH_3)_2\overset{+}{CH}$ > $(CH_3)_3C-\overset{+}{CH_2}$ > $CH_3-\overset{+}{CH_2}$

   b)
   ⟨benzène⟩$-\overset{+}{CH_2}$ > ⟨cyclohexane⟩$^+$ > ⟨benzène⟩$-CH_2-\overset{+}{CH_2}$

   (à cause de la résonance)

8. La molécule qui peut donner naissance au carbocation le plus stable:

   (c) $(CH_3)_3C\overset{\frown}{-}Br$ ⟶ $(CH_3)_3\overset{+}{C}$ + Br^-

   (tertiaire)

4.10 Classification des réactions selon le bilan de réaction

1. Mécanisme de réaction: description (au moyen de flèches courbes) de la rupture et de la formation de toutes les liaisons impliquées dans une réaction.

2. Par l'étude, entre autres, des vitesses de réaction. Ceci permet de déceler les intermédiaires et de proposer des états de transition plausibles.

3. Les quatre grandes catégories de réactions: addition, élimination, substitution et réarrangement.

4. a) **L'addition**: modification d'un substrat par l'ajout d'atomes. Exemple:

$$CH_3-CH=CH_2 \ + \ Br_2 \longrightarrow CH_3-\underset{Br}{CH}-\underset{Br}{CH_2}$$

   b) **L'élimination**: perte par le substrat d'un certain nombre d'atomes. Exemple:

$$CH_3-\underset{Cl}{CH}-CH_3 \ + \ NaOH \longrightarrow CH_3-CH=CH_2 \ + \ Na^+Cl^- \\ + H_2O$$

   c) **La substitution**: remplacement d'un ou plusieurs atomes du substrat par d'autres atomes. Exemple:

$$CH_3-CH_2-Cl \ + \ NaOH \longrightarrow CH_3-CH_2-OH \ + \ Na^+Cl^-$$

   d) **Le réarrangement**: réorganisation interne du substrat sans gain ni perte d'atomes.

$$CH_3-CH_2-CH_2-CH_2-CH_3 \xrightarrow[\text{(chaleur)}]{\Delta} CH_3-CH_2-\underset{CH_3}{CH}-CH_3$$

5. a) S_N e) réarrangement

   b) S_E et oxydation   f) S_R et oxydation

   c) oxydation   g) addition et réduction

   d) élimination   h) S_N

4.11 Description d'un mécanisme de réaction

1. Des flèches courbes indiquent le déplacement de deux électrons. Ces flèches partent toujours d'une liaison, d'une charge négative, d'un doublet libre ou d'un doublet π pour aller vers l'électrophile. Exemple:

$$\overset{\delta^+}{CH_3}-\overset{\delta^-}{Cl} \quad + \quad Na^+ \ ^-OH \quad \longrightarrow \quad CH_3-OH \quad + \quad NaCl$$

2. Des flèches à demi-pointe, puisqu'un seul électron est déplacé.

3. a) $\quad CH_3CH_2O^-Na^+ \quad + \quad CH_3-Cl \quad \longrightarrow \quad CH_3CH_2O-CH_3 \quad + \quad NaCl$

b)

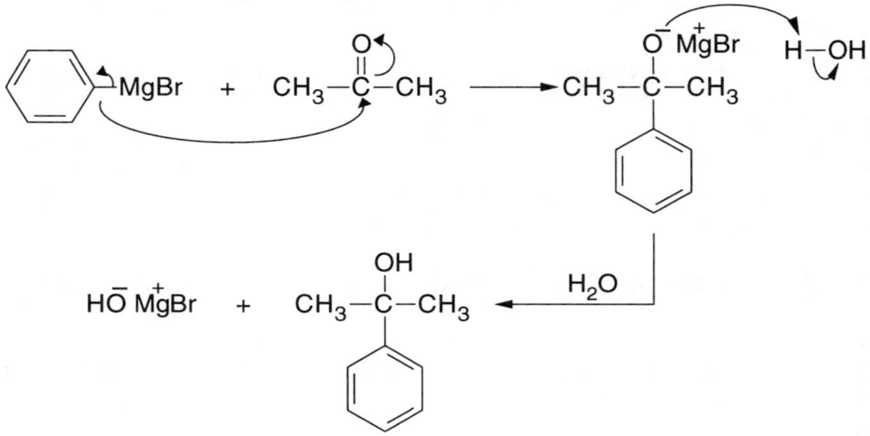

c)

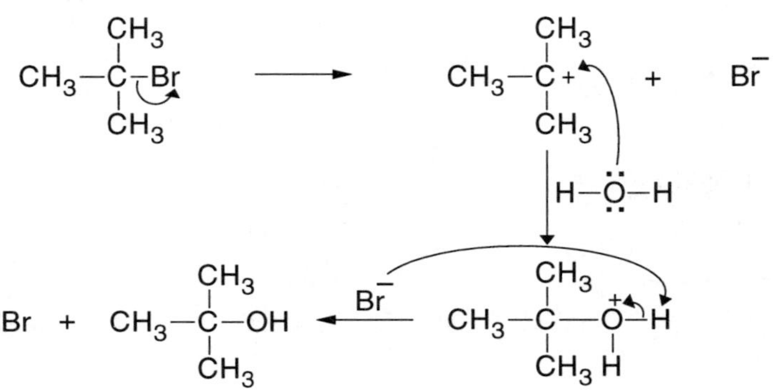

d) $\quad CH_3-CH_2-CH_2-CH_3 \quad \longrightarrow \quad CH_3-CH_2-\dot{C}H_2 \quad + \quad \dot{C}H_3$

4. a)

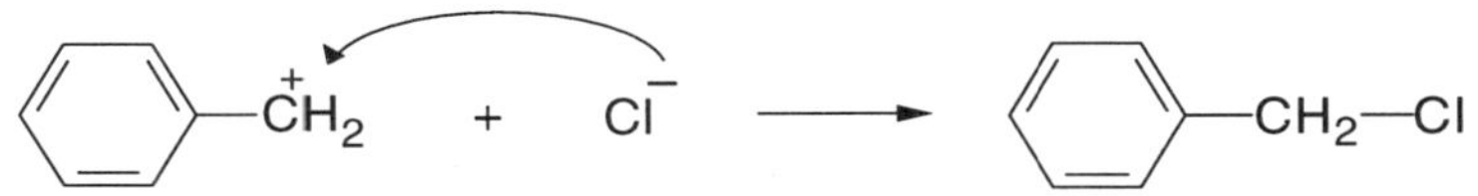

b)  $CH_3-\overset{.}{C}H_2$ + $\overset{.}{C}H_3$ $\longrightarrow$ $CH_3-CH_2-CH_3$

c) $CH_3-CH-Br$ + HO^- $\longrightarrow$ $CH_3-CH-OH$ + Br^-
        | |
       CH_3 CH_3

Exercices complémentaires

---

1.   d   >   a   >   b   >   c

| le Cl est plus près du COOH | le Cl est plus électronégatif que Br et I | le Br est plus électronégatif que I |

2.

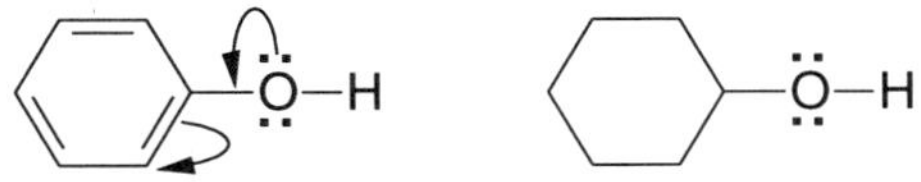

phénol   cyclohexanol

Le phénol est plus acide à cause de la résonance qui délocalise les électrons vers le cycle. L'hydrogène relié à l'oxygène acquiert alors un caractère positif et devient plus disponible. Dans le cyclohexanol, il n'y a pas de résonance.

3.

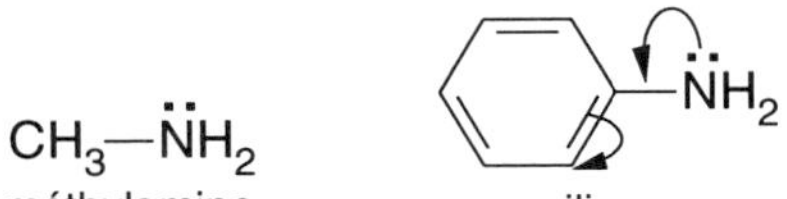

$CH_3-\overset{..}{N}H_2$
méthylamine

aniline

Dans l'aniline, le doublet d'électrons sur N est peu disponible parce qu'il participe à la résonance dans le cycle.

4. a)

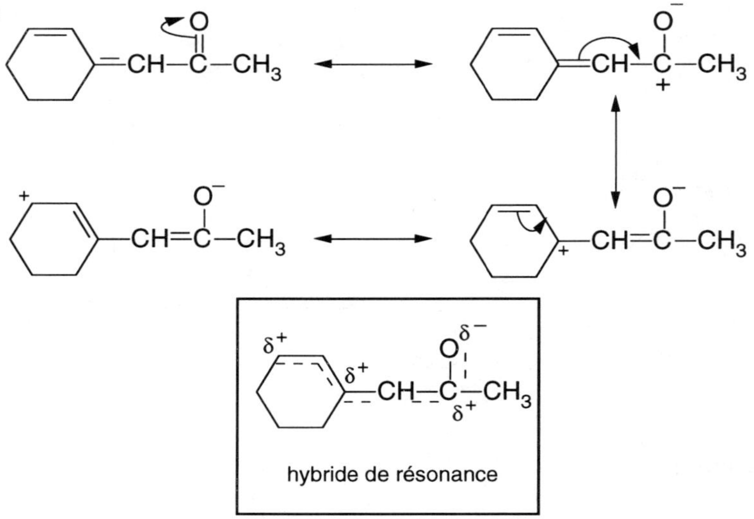

hybride de résonance

b)

hybride de résonance

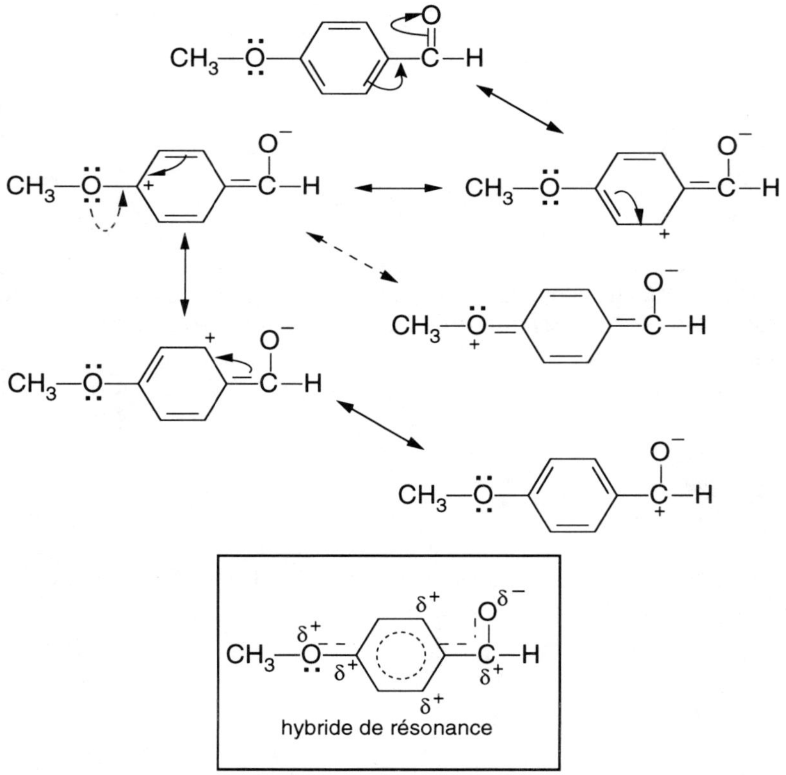

4. (suite)

c)

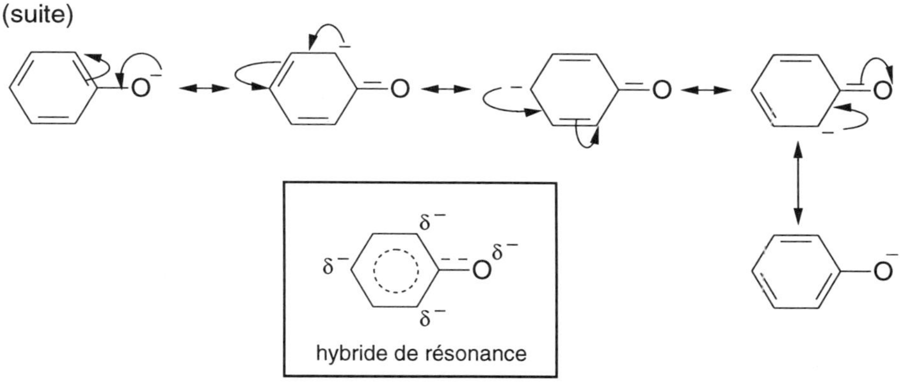

hybride de résonance

d)

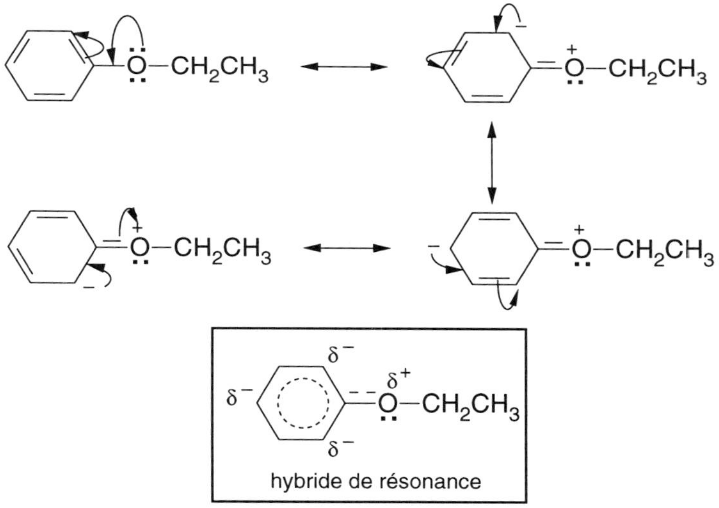

hybride de résonance

5. 1. Nucléophile

   2. Catalyseur

   3. Oxydant

   4. Électrophile

   5. Nucléophile

   6. Oxydant

   7. Nucléophile

   8. Électrophile (à cause du H^+)

   9. Réducteur

   10. Électrophile (à cause du H^+)

   11. Nucléophile

   12. Nucléophile

   13. Électrophile

   14. Nucléophile

   15. Nucléophile

   16. Électrophile

6. a) L'intermédiaire de réaction (carbocation, carbanion, radical libre) a une existence réelle, alors que l'état de transition est une espèce de photo (arrêt sur image) d'un moment du déroulement de la réaction lorsque certaines liaisons commencent à se rompre et que d'autres se forment.

   b) Non, puisque tous les atomes demeurent en place. Dans la résonance, il n'y a que les électrons qui se déplacent.

   c) Ce sont les électrons σ qui servent de lien principal entre les atomes; ces électrons sont à un niveau d'énergie relativement bas de sorte que leur déplacement ne réduirait pas l'énergie globale de la molécule; au contraire, leur déplacement aurait pour effet de séparer les atomes, donc de détruire la molécule.

   d) Les électrons π occupent un grand volume et ils sont plus loin des noyaux des atomes que les électrons σ. Ils sont par conséquent moins retenus par les noyaux positifs et plus influençables par des charges extérieures.

7. a) Élimination et oxydation

   b) Substitution nucléophile

   c) Substitution nucléophile

   d) Réarrangement

   e) Oxydation (combustion)

   f) Substitution électrophile et oxydation

   g) Addition et réduction

   h) Oxydation

   i) Substitution nucléophile

   j) Addition et réduction.

———— ✳ ————

LES 5
HYDROCARBURES
Alcanes – Alcènes – Alcynes

Introduction

5.1 Présentation

1. Toute molécule ne contenant que C et H est classée comme hydrocarbure.

2. Le propane (gaz propane), le butane. Plusieurs autres sont très utilisés: l'essence (automobile, camion, motocyclette), tous les produits issus de la distillation du pétrole (mazout, huiles lubrifiantes, solvants, cire, vaseline, huile minérale, etc), le méthane (85 à 90% du gaz naturel). Il y a aussi les produits transformés: polyéthylène, polystyrène, caoutchouc synthétique, etc. Le caoutchouc naturel (tiré de l'arbre *hévéa brasiliensis*) et l' α-pinène (extrait des aiguilles de pin) sont aussi des hydrocarbures.

5.2 Classification

1. Saturés et insaturés.

2. a) Cyclohexane 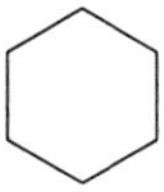 C_6H_{12}

   b) Propane $CH_3{-}CH_2{-}CH_3$ C_3H_8

   c) Acétylène $H{-}C{\equiv}C{-}H$ C_2H_2

   d) Éthylène $CH_2{=}CH_2$ C_2H_4

   e) Benzène  C_6H_6

3. Il augmente graduellement à mesure que s'allonge la chaîne carbonée.

4. Il diminue graduellement à mesure qu'augmente le degré de ramification. Consulter le tableau 5.3 où les cinq molécules présentées correspondent toutes à la formule C_6H_{14}.

Pétrole

5.3 et 5.4 Distillation, raffinage du pétrole et pétrochimie

1. Non. Le Québec ne produit pas de pétrole, mais on en trouve en petite quantité à certains endroits. Par contre on y exploite quelques gisements de gaz naturel.

2. Il peut provenir de différentes sources d'approvisionnement, selon les prix du marché mondial: Ouest Canadien, Golfe Persique, Vénézuéla, puits marins au large de Terre-Neuve, etc.

3. Le gaz naturel (dont le principal constituant est le méthane). À distinguer des gaz propane et butane qui proviennent des raffineries de pétrole.

4. La distillation. Elle est dite fractionnée parce qu'on recueille en continu les fractions du pétrole correspondant à différentes températures d'ébullition.

5. Bris des molécules sous l'effet de la chaleur intense utilisée. Pour pouvoir isoler les asphaltes et les gazoles.

6. Craquage catalytique.

7. Rupture de chaîne carbonée, déshydrogénation, isomérisation et cyclisation accompagnée de déshydrogénation.

8. Le butane, étant plus volatil, favorise l'allumage à basse température. La température élevée le fait s'évaporer facilement des réservoirs à essence. À noter qu'environ 10% de l'essence utilisée ne se rend jamais dans les chambres de combustion des moteurs: elle s'évapore tout simplement.

9. Le soufre. Sous forme de dioxyde et de trioxyde de soufre qui, au contact de l'eau contenue dans l'air, deviennent des acides sulfureux et sulfuriques, grands responsables de l'acidification de nos lacs et rivières (pluies acides).

Synthèse des hydrocarbures

5.5 Synthèse des hydrocarbures saturés

1. L'hydrogénation catalytique et la condensation de deux halogénures.

2. $CH_3\!-\!CH\!=\!CH_2 \xrightarrow[Ni]{H_2} CH_3\!-\!CH_2\!-\!CH_3$

     propène   propane

3. $CH_3\!-\!C\!\equiv\!C\!-\!CH_3 \xrightarrow[Ni]{H_2}$ $\underset{\overset{|}{H}\ \ \overset{|}{H}}{CH_3\!-\!C\!=\!C\!-\!CH_3}$ (la réaction se poursuit)

    but-2-yne H_2 | Ni

$$CH_3\!-\!CH_2\!-\!CH_2\!-\!CH_3$$

                                       butane

4. $CH_3\!-\!CH_2\!-\!Br$
         +
    $CH_3\!-\!CH_2\!-\!CH_2\!-\!Br$ $\xrightarrow{Na}$
$\begin{cases} CH_3\!-\!CH_2\!-\!CH_2\!-\!CH_3 \\ CH_3\!-\!CH_2\!-\!CH_2\!-\!CH_2\!-\!CH_3 \\ CH_3\!-\!CH_2\!-\!CH_2\!-\!CH_2\!-\!CH_2\!-\!CH_3 \end{cases}$

La formation de trois produits différents dans cette réaction suggère d'éviter ce genre de condensation à partir de deux halogénures différents.

5.6 Synthèse des alcènes

1. L'élimination.

2. *Dihalogénure vicinal*: molécule organique portant deux atomes d'halogène sur des carbones adjacents. Exemple:

$$\underset{\overset{|}{\textbf{Br}}\ \ \overset{|}{\textbf{Br}}}{CH_3\!-\!CH\!-\!CH_2}$$

                   1,2-dibromopropane

3. Le zinc (Zn). Cet atome possède un doublet d'électrons relativement accessible au niveau saturé 4s, ce qui en fait un donneur d'électrons.

4. Lorsque le groupement amovible est OH, ce dernier doit être protoné, i.e. transformé en molécule d'eau *potentielle* davantage susceptible de se détacher, puisque plus stable. Il faut catalyser cette réaction par un acide.

5. La protonation est l'attaque d'un des doublets libres de l'oxygène du groupement OH sur l'ion hydrogène. Voici un exemple simple impliquant l'éthanol dans une élimination E2. (avec H_2SO_4 conc.)

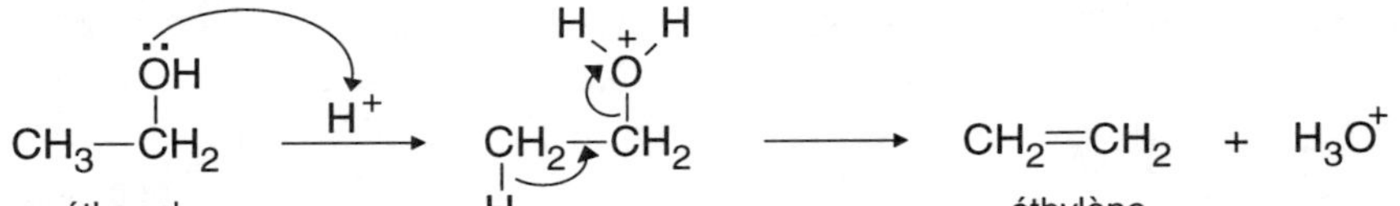

éthanol éthylène

6. À cause de l'eau formée dans cette réaction. En effet, puisque cette réaction est à l'équilibre, la présence d'eau dans l'acide, catalyseur, pourrait nuire à la formation de l'alcène, principe de Le Châtelier.

7. Le mécanisme E2 d'élimination pouvant se produire entre le 1,2-dichloropropane et le zinc:

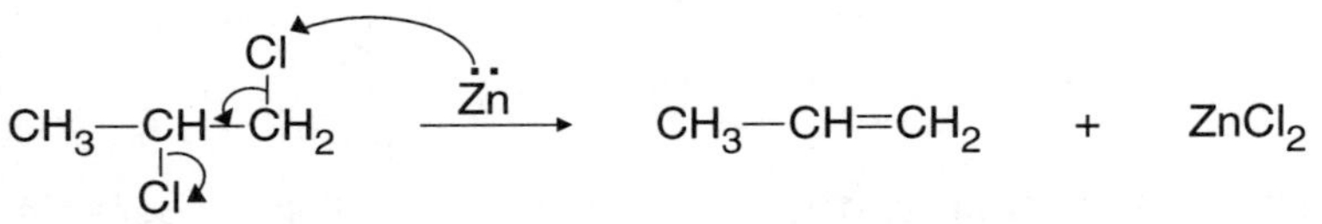

1,2-dichloropropane propène

8.

a) 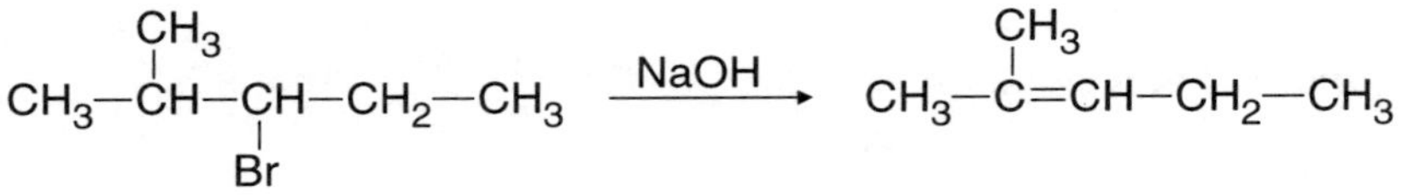

3-bromo-2-méthylpentane

b) 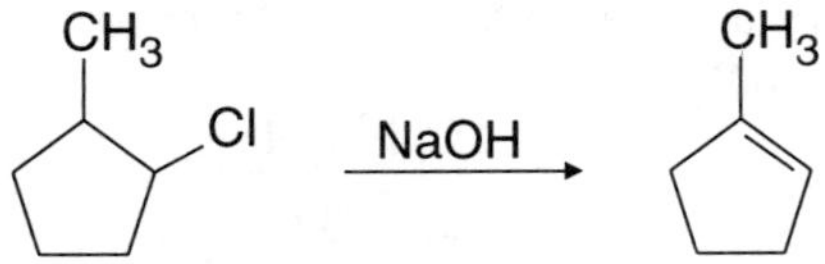

2-chlorométhylcyclopentane

9. Les halogénures et les alcools. Dans le cas des alcools, une catalyse acide est nécessaire.

10. La déshydratation (élimination d'eau) en présence d'acide sulfurique obéit au mécanisme suivant:

a)
$$\underset{\text{propan-2-ol}}{CH_3-\overset{\displaystyle\ddot{O}H}{\underset{\displaystyle |}{CH}}-CH_3} \xrightarrow{H^+} CH_3-\overset{\displaystyle \overset{\displaystyle H_{\,+\,}H}{\overset{\displaystyle O}{|}}}{\underset{\displaystyle |}{CH}}-CH_3 \longrightarrow CH_3-\overset{\displaystyle +}{CH}-CH_2$$

$$H_3O^+ \;+\; CH_3-CH=CH_2 \longleftarrow \overset{\displaystyle :\ddot{O}-H}{\underset{\displaystyle |}{H}}$$

b)
$$\underset{\text{butan-2-ol}}{CH_3-\overset{\displaystyle\ddot{O}H}{\underset{\displaystyle |}{CH}}-CH_2-CH_3} \xrightarrow{H^+} CH_3-\overset{\displaystyle \overset{\displaystyle H_{\,+\,}H}{\overset{\displaystyle O}{|}}}{\underset{\displaystyle |}{CH}}-CH_2-CH_3 \longrightarrow$$

$$H_3O^+ \;+\; CH_3-CH=CH-CH_3 \longleftarrow \underset{\displaystyle \underset{H}{\overset{|}{O}}:\!H}{} CH_3-\overset{\displaystyle +}{CH}-CH-CH_3$$

11. Ce type d'élimination conduit préférentiellement à l'alcène le moins ramifié. Autrement dit, le résultat est l'inverse de ce que prévoirait la règle de Saytsev.

12. Cette réaction se déroule par un mécanisme **E2.**

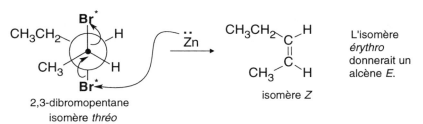

2,3-dibromopentane
isomère *thréo*

isomère *Z*

L'isomère *érythro* donnerait un alcène *E.*

* Les deux atomes de brome doivent être opposés au moment de la réaction.

13.

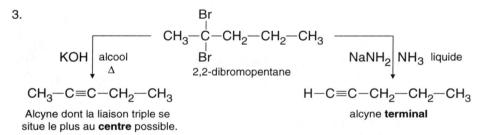

3-bromo-3,4-diméthylhexane
isomère *érythro*

isomère *E*

L'autre isomère *érythro* donne aussi l'alcène *E*, tandis que les isomères *thréo* donnent l'alcène *Z*; donc seulement deux alcènes peuvent être obtenus à partir de cet halogénure. Cette réaction est stéréospécifique puisqu'un isomère donné ne donne qu'un seul produit.

5.7 Synthèse des alcynes

1. L'élimination.

2. NaOH, KOH et NaNH$_2$

3.

$$Br$$
$$CH_3-C-CH_2-CH_2-CH_3$$

KOH | alcool
Δ

Br
2,2-dibromopentane

NaNH$_2$ | NH$_3$ liquide

$$CH_3-C\equiv C-CH_2-CH_3$$

Alcyne dont la liaison triple se
situe le plus au **centre** possible.

$$H-C\equiv C-CH_2-CH_2-CH_3$$

alcyne **terminal**

4. Cela signifie que, mis à part le fait qu'il introduise une liaison triple sur une molécule, cette liaison peut se déplacer vers le centre de la chaîne carbonée, exemple:

$$H-C\equiv C-CH_2-CH_2-CH_3 \xrightarrow[\substack{\text{dans l'alcool} \\ \Delta}]{\text{KOH}} CH_3-C\equiv C-CH_2-CH_3$$

5. Parce que cette substance est le point de départ de la synthèse de plusieurs autres produits chimiques. Elle sert également dans la soudure et le travail des métaux.

6. a) À partir du carbone et de la chaux.

$$3\,C \;+\; CaO \;\xrightarrow{2500°C}\; CaC_2 \;+\; CO$$

$$CaC_2 \;+\; 2\,H_2O \;\longrightarrow\; H-C\equiv C-H \;+\; Ca(OH)_2$$

b) À partir du méthane.

$$2\,CH_4 \;\xrightarrow{1500°C}\; H-C\equiv C-H \;+\; 3\,H_2$$

7. C'est la combustion du gaz dégagé (l'acétylène) par la réaction suivante qui émet de la lumière:

$$\boxed{\begin{array}{c} CaC_2 \\ (^-C\equiv C^-)\,Ca^{2+} \end{array}} \;+\; 2\,H_2O \;\longrightarrow\; H-C\equiv C-H \;+\; Ca(OH)_2$$

carbure de calcium

acétylène

$$O_2 \downarrow \text{(combustion)}$$

$$CO_2 \;+\; H_2O \;+\; \text{énergie lumineuse}$$

8. a) $CH_3-C\equiv C-CH_2-CH_2-CH_3$ b) $\langle\!\!\!\bigcirc\!\!\!\rangle -CH_2-C\equiv C-\underset{\underset{CH_3}{|}}{CH}-CH_3$

hex-2-yne ou méthylpropylacétylène

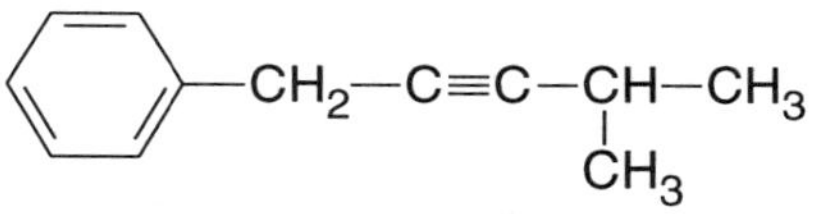

4-méthyl-1-phénylpent-2-yne ou
benzylisopropylacétylène

c) $CH_3-CH_2-CH_2-C\equiv C-CH_2-CH_2-CH_3$

oct-4-yne ou dipropylacétylène

Réactivité des hydrocarbures

5.8 Combustion

1. L'eau et le dioxyde de carbone.

2. L'éthylène. La combustion de cette substance libère 1412 kJ/mol, comparée au méthane (principal constituant du gaz naturel) qui n'en libère qu'environ 891 (section 5.8). Cette utilisation de l'éthylène ne serait pas rentable, puisque cette substance sert de point de départ pour la synthèse de nombreux produits d'utilisation courante: polyéthylène, acide acétique, éthanol, etc.

3. a) $2 C_8H_{18} + 25^* O_2 \longrightarrow 16 CO_2 + 18 H_2O$
   octane

   b) $C_2H_5OH + 3 O_2 \longrightarrow 2 CO_2 + 3 H_2O$
   éthanol

   * Remarquer l'importante quantité d'oxygène requise pour brûler totalement l'octane comparativement à l'éthanol.

5.9 Réactivité des alcanes

1. Les liaisons chimiques des alcanes sont très peu polaires et, par conséquent, leurs molécules elles-mêmes sont peu polaires et très stables.

   Parce que les alcanes sont très stables, on doit utiliser des conditions de réaction rigoureuses.

   Leur faible polarité rend les réactions ioniques en phase liquide presque impossibles; les alcanes font plutôt des réactions de type radicalaire en phase gazeuse, lesquelles demandent plus d'énergie.

2. Certainement. Le raffinage du pétrole permet d'exploiter quatre types de réactions lors de la pyrolyse:
   a) raccourcir les chaînes carbonées, ce qui conduit à des produits plus légers et à des alcènes,
   b) déshydrogéner des alcanes légers pour produire des alcènes et de l'hydrogène,
   c) isomériser des alcanes légers pour abaisser leur point d'ébullition,
   d) cycliser des chaînes pour obtenir du cyclohexane, par exemple, et même déshydrogéner ce cycle pour produire le benzène.

3. $CH_3-[CH_2]_6-CH_3$ $\xrightarrow{\Delta}$ $CH_3-CH_2-CH=CH_2$ +

octane   but-1-ène $CH_3-CH_2-CH_2-CH_3$

butane

et bien d'autres produits selon le
point de rupture de la chaîne.

4. La substitution radicalaire. Cette réaction est difficilement contrôlable quant aux produits que l'on désire obtenir. On obtient toujours un mélange de plusieurs produits. Et qui dit mélange dit aussi difficulté de séparation, opération primordiale en chimie organique.

5. a) $CH_3-CH_2-CH_3$ + Cl_2 $\xrightarrow{h\nu}$ $CH_3-CH_2-CH_2-Cl$ + HCl

propane   (...et plusieurs autres produits)

b) ⬡ + $9\ O_2$ $\longrightarrow$ $6\ CO_2$ + $6\ H_2O$

cyclohexane

5.10 Réactivité des alcènes

1. Parce que ces molécules possèdent des électrons π. Ces électrons étant plus facilement déplaçables, ils ouvrent la porte à une foule de produits grâce à la possibilité de former de nouvelles liaisons.

2. L'addition et l'oxydation.

3. a)

$$\begin{array}{cc} X & OH \\ | & | \\ -C-C- \\ | & | \end{array}$$

halohydrine

$$\begin{array}{cc} Cl & OH \\ | & | \\ CH_2-CH_2 \end{array}$$

exemple d'halohydrine

b) $R-C{\equiv}N$ $CH_3-C{\equiv}N$

nitrile   exemple de nitrile

c)

$$\begin{array}{cc} X & X \\ | & | \\ -C-C- \\ | & | \end{array}$$

dihalogénure vicinal

$$\begin{array}{cc} Cl & Cl \\ | & | \\ CH_3-CH-CH-CH_3 \end{array}$$

exemple de dihalogénure vicinal

4. Le carbocation tertiaire est le plus stable, le primaire le moins stable (voir section 4.9).

5.

$$CH_3—CH=CH_2$$
propène

a) HCN $\longrightarrow$

$$\overset{\displaystyle CN}{\underset{\displaystyle |}{CH_3—CH—CH_3}}$$

b) Br$_2$ $\longrightarrow$

$$\overset{\displaystyle Br \quad Br}{\underset{\displaystyle | \quad\; |}{CH_3—CH—CH_2}}$$

c) HCl $\longrightarrow$

$$\overset{\displaystyle Cl}{\underset{\displaystyle |}{CH_3—CH—CH_3}}$$

d) H$_2$O (H$^+$) $\longrightarrow$

$$\overset{\displaystyle OH}{\underset{\displaystyle |}{CH_3—CH—CH_3}}$$

e) H$_2$ (Pt) $\longrightarrow$

$$CH_3—CH_2—CH_3$$

f) ClOH $\longrightarrow$

$$\overset{\displaystyle OH \quad Cl}{\underset{\displaystyle | \quad\; |}{CH_3—CH—CH_2}}$$

6. La règle de Markovnikov. Dans la réaction d'addition de Y—Z sur un alcène, le groupement à caractère positif se fixe de préférence sur le carbone le plus hydrogéné de la liaison double.

7. $$CH_2{=}\overset{\displaystyle |}{\underset{\displaystyle CH_3}{C}}{-}CH_2{-}CH_3 \xrightarrow{\;H{-}Cl\;} CH_3{-}\overset{+}{\underset{\displaystyle CH_3}{C}}{-}CH_2{-}CH_3$$

2-méthylbut-1-ène

$$Cl{-}CH_2{-}\overset{\displaystyle |}{\underset{\displaystyle CH_3}{CH}}{-}CH_2{-}CH_3 \qquad CH_3{-}\overset{\displaystyle Cl}{\underset{\displaystyle CH_3}{\overset{|}{\underset{|}{C}}}}{-}CH_2{-}CH_3$$

(autre produit; non favorisé parce que sa   produit majeur
formation passe par un carbocation primaire)

8. $CH_3-CH=CH_2$ $\xrightarrow{Br-Br}$ $CH_3-\overset{+}{CH}-\overset{\overset{..}{Br}}{\underset{|}{CH_2}}$
    propène

    $CH_3-\underset{\underset{Br}{|}}{\overset{\overset{Br}{|}}{CH}}-CH_2$ $\xleftarrow{Br^-}$ $CH_3-\overset{+}{\underset{}{CH}}-CH_2$ (ion bromonium)

9.

    alcène *cis*   alcène *trans*

10.

    (E)-but-2-ène

    L'attaque de l'ion bromure, soit par devant, sur le C2, soit par derrière, sur le C3, ne donne qu'un seul produit puisqu'il n'y a qu'**un** seul *méso*.   *méso*

11. a) Ceux qui conduisent à un diol:

    $KMnO_4$ dilué RCO_3H, H_2O (H^+) OsO_4, H_2O

    b) Ceux qui causent la rupture complète de la liaison C—C:

    O_3, H_2O / Zn $KMnO_4$ conc., Δ

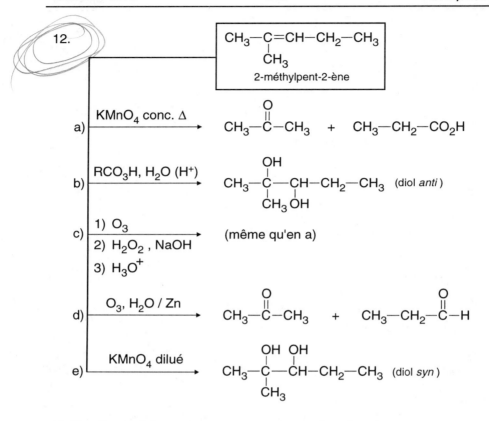

12.

$$CH_3-C=CH-CH_2-CH_3$$
$$\overset{|}{CH_3}$$
2-méthylpent-2-ène

a) $\xrightarrow{\text{KMnO}_4 \text{ conc. } \Delta}$ $CH_3-\overset{O}{\overset{||}{C}}-CH_3$ + $CH_3-CH_2-CO_2H$

b) $\xrightarrow{\text{RCO}_3\text{H, H}_2\text{O (H}^+)}$ $CH_3-\overset{OH}{\underset{CH_3}{\overset{|}{C}}}-\overset{|}{\underset{OH}{CH}}-CH_2-CH_3$ (diol *anti*)

c) $\xrightarrow[\substack{2) \text{ H}_2\text{O}_2 \text{ , NaOH} \\ 3) \text{ H}_3\text{O}^+}]{1) \text{ O}_3}$ (même qu'en a)

d) $\xrightarrow{\text{O}_3, \text{ H}_2\text{O / Zn}}$ $CH_3-\overset{O}{\overset{||}{C}}-CH_3$ + $CH_3-CH_2-\overset{O}{\overset{||}{C}}-H$

e) $\xrightarrow{\text{KMnO}_4 \text{ dilué}}$ $CH_3-\overset{OH}{\underset{CH_3}{\overset{|}{C}}}-\overset{OH}{\overset{|}{CH}}-CH_2-CH_3$ (diol *syn*)

13. Propène traité au permanganate concentré et chaud:

$$CH_2=CH-CH_3 \xrightarrow[\text{conc. } \Delta]{\text{KMnO}_4} H-\overset{O}{\overset{||}{C}}-H + CH_3-\overset{O}{\overset{||}{C}}-H$$

$$H_2O + CO_2 \longleftarrow HO-\overset{O}{\overset{||}{C}}-OH \longleftarrow H-\overset{O}{\overset{||}{C}}-OH \qquad CH_3-\overset{O}{\overset{||}{C}}-OH$$

14. L'oxydation par le permanganate concentré et chaud. Elle permet la formation de CO_2. Voir la réponse du numéro 13.

15. —$CH=\overset{|}{\underset{CH_3}{C}}-CH_3$

16. L'éthylène: $CH_2=CH_2$ $\xrightarrow[\substack{2) \text{ H}_2\text{O}_2 \text{ , NaOH} \\ 3) \text{ H}_3\text{O}^+}]{1) \text{ O}_3}$ $CO_2 + H_2O$

5.11 Réactivité des alcynes

1. L'addition, l'oxydation et la réaction acidobasique (on pourrait ajouter la substitution nucléophile qui est ensuite possible).

2. Réactions d'addition:

   a) de l'hydrogène sur le but-2-yne:

   $$CH_3-C\equiv C-CH_3 \xrightarrow[Pt]{2\,H_2} CH_3-CH_2-CH_2-CH_3$$

   b) du chlore sur le pent-1-yne:

   $$CH_3-CH_2-CH_2-C\equiv C-H \xrightarrow{2\,Cl_2} CH_3-CH_2-CH_2-\underset{\underset{Cl}{|}}{\overset{\overset{Cl}{|}}{C}}-\underset{\underset{Cl}{|}}{\overset{\overset{Cl}{|}}{C}}-H$$

   c) de l'acide chlorhydrique sur le but-2-yne:

   $$CH_3-C\equiv C-CH_3 \xrightarrow{2\,HCl} CH_3-\underset{\underset{Cl}{|}}{\overset{\overset{Cl}{|}}{C}}-CH_2-CH_3$$

3. a) $$CH_3-C\equiv C-CH_3 \xrightarrow[\substack{H_2SO_4 \\ HgSO_4}]{H_2O} CH_3-\overset{\overset{O}{\|}}{C}-CH_2-CH_3$$

   but-2-yne

   b) $$CH_3-CH_2-CH_2-C\equiv C-H \xrightarrow[\substack{H_2SO_4 \\ HgSO_4}]{H_2O} CH_3-CH_2-CH_2-\overset{\overset{O}{\|}}{C}-CH_3$$

   pent-1-yne

4. À partir de l'acétylène.

5. Les réactions d'oxydation employées sur les alcènes ne marchent pas efficacement avec les alcynes. L'oxydation au permanganate en milieu neutre ou fortement basique exige une solution concentrée pour briser la liaison triple et produire des acides après acidification du milieu réactionnel. L'ozonolyse est possible, mais elle conduit exclusivement à la formation d'acides carboxyliques.

6. $CH_3-CH_2-C{\equiv}C-CH_2-CH_3$ $\xrightarrow{\text{1) }KMnO_4 \text{ / NaOH}}$
                  hex-3-yne   2) HCl

                                        $2\ CH_3-CH_2-CO_2H$

7. Ozonolyse du propyne:

$CH_3-C{\equiv}C-H$ $\xrightarrow{O_3,\ H_2O\ (H^+)}$ CH_3-CO_2H + HCO_2H

                                                      CO_2 + H_2O

8. a) $CH_3-C{\equiv}C-H$ b) $CH_3-C{\equiv}C-CH_2-CH_3$
        alcyne vrai   alcyne disubstitué

9. $CH_3-CH_2-C{\equiv}C-H$ $\xrightarrow{Na^+\ NH_2^-}$ $CH_3-CH_2-C{\equiv}C^-\ Na^+$ + NH_3
              but-1-yne

10. $CH_3-C{\equiv}C-H$ $\xrightarrow{Na^+\ NH_2^-}$ $CH_3-C{\equiv}C^-\ Na^+$
            propyne
                                                                    CH_3-CH_2-Br
                                                                    bromoéthane
      $NaBr$ + NH_3 + $CH_3-C{\equiv}C-CH_2-CH_3$

11. Ajout de deux carbones à la chaîne carbonée du bromoéthane en utilisant
    comme réactifs l'amidure de sodium, $NaNH_2$, et un alcyne:

$H-C{\equiv}C-H$ $\xrightarrow{Na^+\ NH_2^-}$ $H-C{\equiv}C^-\ Na^+$ + NH_3
    acétylène

$H-C{\equiv}C^-\ Na^+$ $\xrightarrow{CH_3-CH_2-Br}$ $H-C{\equiv}C-CH_2-CH_3$ + $NaBr$

12. $H-C{\equiv}C-H$ $\xrightarrow{NaNH_2}$ $H-C{\equiv}C^-\ Na^+$ $\xrightarrow{CH_3-CH_2-Br}$
        acétylène

$Na^+\ ^-C{\equiv}C-CH_2-CH_3$ $\xleftarrow{NaNH_2}$ $H-C{\equiv}C-CH_2-CH_3$

$\xrightarrow{CH_3-CH_2-Br}$ $CH_3-CH_2-C{\equiv}C-CH_2-CH_3$ + $NaBr$
                                    hex-3-yne

Exercices complémentaires

1.

a)

$$HO-C(CH_3) \text{cyclohexyl} \xleftarrow[H^+]{H_2O} CH_3\text{-cyclohexene} \xrightarrow{HCN} NC-C(CH_3) \text{cyclohexyl}$$

$$CH_3\text{-cyclohexene} \xrightarrow[Pt]{H_2} CH_3\text{-cyclohexane}$$

1) O_3 2) H_2O, Zn

$$CH_3-\overset{O}{\overset{\|}{C}}-CH_2-CH_2-CH_2-CH_2-\overset{O}{\overset{\|}{C}}-H$$

b) $CH_3-\overset{OH}{\overset{|}{CH}}-CH_2-CH_3 \xrightarrow[conc.]{H_2SO_4} CH_3-CH=CH-CH_3$

$$\downarrow KMnO_4 \text{ dilué}$$

$$CH_3-\overset{OH}{\overset{|}{CH}}-\overset{OH}{\overset{|}{CH}}-CH_3$$

c)

$$CH_3-CH_2-\overset{\overset{\displaystyle}{|}}{\underset{Br}{CH}}-\overset{\overset{\displaystyle}{|}}{\underset{Br}{CH_2}}$$

$$\xleftarrow{Zn} \quad \xrightarrow[\Delta]{KOH \text{ éthanol}}$$

$$CH_3-CH_2-CH=CH_2 \qquad CH_3-C\equiv C-CH_3$$

d) $CH_3-CH_2-C\equiv CH \xrightarrow{NaNH_2} CH_3-CH_2-C\equiv C^- \overset{+}{Na}$

$$\downarrow CH_3-CH_2-Br$$

$$CH_3-CH_2-C\equiv C-CH_2-CH_3$$

e) $CH_3-\overset{Cl}{\underset{Cl}{\overset{|}{\underset{|}{C}}}}-CH_3 \xleftarrow{2 \text{ HCl}} HC\equiv C-CH_3 \xrightarrow[\substack{H_2SO_4 \\ HgSO_4}]{H_2O} CH_3-\overset{O}{\overset{\|}{C}}-CH_3$

1. (suite)

f) $CH_3-\underset{\underset{CH_3}{|}}{\overset{\overset{OH}{|}}{C}}-CH_3$ $\xleftarrow[H^+]{H_2O}$ $CH_2=\underset{\underset{CH_3}{|}}{C}-CH_3$ $\xrightarrow{ClOH}$ $Cl-CH_2-\underset{\underset{CH_3}{|}}{\overset{\overset{OH}{|}}{C}}-CH_3$

2-méthylpropène

g) $\left[CH_3-\underset{\underset{CH_3\ CH_2CH_3}{|}}{\overset{+}{N}}-\underset{\underset{}{}}{\overset{\overset{CH_3}{|}}{CH}}-\underset{\underset{}{}}{\overset{\overset{CH_3}{|}}{CH}}-CH_3 \right] I^-$ $\xrightarrow[\Delta,\ H_2O]{Ag_2O}$ $CH_3-CH=CH-\underset{\underset{}{}}{\overset{\overset{CH_3}{|}}{CH}}-CH_3$

$+\quad \underset{\underset{CH_3}{|}}{\overset{\overset{CH_3}{|}}{N}}-CH_3$

h) $\xleftarrow[\text{conc.}]{KMnO_4}$ $CH_3-\underset{\underset{}{}}{\overset{\overset{CH_3}{|}}{C}}=CH_2$ $\xrightarrow[2)\ H_2O,\ Zn]{1)\ O_3}$

$CH_3-\underset{\underset{}{}}{\overset{\overset{CH_3}{|}}{C}}=O$ + CO_2 + H_2O $CH_3-\underset{\underset{}{}}{\overset{\overset{CH_3}{|}}{C}}=O$ + $\underset{\underset{H}{}}{\overset{\overset{H}{}}{C}}=O$

2.

a) $HO-CH_2-CH_2-CH_3$ $\xrightarrow[\text{conc.}]{H_2SO_4}$ $CH_2=CH-CH_3$
propan-1-ol   propène

b) $CH_2=CH-CH_3$ $\xrightarrow{Br_2}$ $CH_2-\underset{\underset{Br}{|}}{CH}-CH_3$
obtenu en (a) $\underset{Br}{|}$

1,2-dibromopropane

c) $CH_2=CH-CH_3$ $\xrightarrow{HBr}$ $CH_3-\underset{\underset{Br}{|}}{CH}-CH_3$

2-bromopropane

d) $CH_2=CH-CH_3$ $\xrightarrow[Pt]{H_2}$ $CH_3-CH_2-CH_3$
propane

e) $CH_2=CH-CH_3$ $\xrightarrow[H_2SO_4]{H_2O}$ $CH_3-\underset{\underset{OH}{|}}{CH}-CH_3$
propan-2-ol

2. (suite)

f) $CH_2-CH-CH_3$ $\xrightarrow[\text{ou KOH}]{NaNH_2}$ $H-C\equiv C-CH_3$
     $\quad\;\; |\quad\;\; |$ propyne
     $\quad\; Br\quad Br$
     obtenu en (b)

g) $CH_3-CH_2-CH_3$ $\xrightarrow[h\,\nu]{Cl_2}$ $Cl-CH_2-CH_2-CH_3$ (plus d'autres produits,
     obtenu en (d)   1-chloropropane   réaction non sélective)

h) $2\; Cl-CH_2-CH_2-CH_3$ $\xrightarrow{2\,Na}$ $CH_3-CH_2-CH_2-CH_2-CH_2-CH_3$
     obtenu en (g)   hexane   + 2 NaCl

i) $CH_2=CH-CH_3$ $\xrightarrow{HCN}$ $CH_3-CH-CH_3$
     obtenu en (a) $\qquad\qquad |$
                                          $\qquad\qquad CN$

j) $H-C\equiv C-CH_3$ $\xrightarrow{2\,Br_2}$ $\overset{Br\;\;Br}{\underset{Br\;\;Br}{H-C-C-CH_3}}$
     obtenu en (f)
     $\qquad\qquad\qquad$ 1,1,2,2-tétrabromopropane

k) $H-C\equiv C-CH_3$ $\xrightarrow[\substack{HgSO_4 \\ H_2SO_4}]{H_2O}$ $CH_3-\overset{}{\underset{O}{C}}-CH_3$
     $\qquad\qquad\qquad\qquad\qquad\qquad\;\; \|$
     $\qquad\qquad\qquad\qquad\qquad\qquad\;\; O$

l) $CH_2=CH-CH_3$ $\xrightarrow[\text{conc.}]{KMnO_4}$ $CH_3-COOH + CO_2 + H_2O$

m) $CH_2=CH-CH_3$ $\xrightarrow[\text{dilué}]{KMnO_4}$ $CH_3-CH-CH_2$
     $\qquad\qquad\qquad\qquad\qquad\qquad\quad |\quad\;\; |$
     $\qquad\qquad\qquad\qquad\qquad\qquad\; OH\;\; OH$

n) $CH_2=CH-CH_3$ $\xrightarrow[\text{2) }H_2O,\,Zn]{\text{1) }O_3}$ $CH_3-C\overset{O}{\underset{H}{=}}$ + $\overset{H}{\underset{H}{C=O}}$

o) $H-C\equiv C-CH_3$ $\xrightarrow{NaNH_2}$ $CH_3-C\equiv C^-\,Na^+$
     $\qquad\qquad\qquad\qquad\qquad\qquad\qquad\qquad\qquad CH_3-CH-CH_3$
     $\qquad\qquad\qquad\qquad\qquad\qquad\qquad\qquad\qquad\qquad\qquad |$
     $\qquad\qquad\qquad\qquad\qquad\qquad\qquad\qquad\qquad\qquad\; Br$
     $\qquad CH_3-C\equiv C-CH-CH_3 \longleftarrow$ obtenu en (c)
     $\qquad\qquad\qquad\qquad\quad\;\; |$
     $\qquad\qquad\qquad\qquad\quad\; CH_3$

2. (suite)

p) $CH_3-C\equiv C-CH-CH_3 \xrightarrow[\text{Pt}]{H_2} CH_3-CH_2-CH_2-CH-CH_3$

obtenu en (o) CH_3 $\qquad\qquad\qquad\qquad\qquad$ CH_3

2-méthylpentane

3.

a) $CH_3-\overset{\overset{\displaystyle CH_3}{|}}{\underset{\underset{\displaystyle \ddot{O}-H}{|}}{C}}-CH_2-CH_2-CH_3 \xrightarrow[\text{conc.}]{H_2SO_4} CH_3-\overset{\overset{\displaystyle CH_3}{|}}{\underset{\underset{\displaystyle \underset{\displaystyle H}{\overset{+}{O}} \,H}{|}}{C}}-CH_2-CH_2-CH_3$

protonation $\qquad\qquad\qquad\qquad H^+$

2-méthylpentan-2-ol

mécanisme E1

$CH_3-\overset{\overset{\displaystyle CH_3}{|}}{C}=CH-CH_2-CH_3$ $\longleftarrow$ $CH_3-\overset{\overset{\displaystyle CH_3}{|}}{\underset{+}{C}}-CH-CH_2-CH_3$

$+ H_3O^+$ $\qquad\qquad H-\ddot{O}: \qquad\qquad H$

$\qquad\qquad\qquad\qquad H$

b)

c) $CH_3-CH_2-\overset{\overset{\displaystyle }{|}}{\underset{\underset{\displaystyle CH_3}{|}}{C}}=CH_2 \xrightarrow{H^+} CH_3-CH_2-\overset{+}{\underset{\underset{\displaystyle CH_3}{|}}{C}}-CH_3$

$\qquad\qquad\qquad\qquad\qquad\qquad\qquad\qquad H-\ddot{O}:$
$\qquad\qquad\qquad\qquad\qquad\qquad\qquad\qquad H$

$CH_3-CH_2-\overset{\overset{\displaystyle OH}{|}}{\underset{\underset{\displaystyle CH_3}{|}}{C}}-CH_3 \longleftarrow$ $H-\ddot{O}:$ $\quad CH_3-CH_2-\overset{\overset{\displaystyle \underset{\displaystyle H}{\overset{+}{O}} H}{|}}{\underset{\underset{\displaystyle CH_3}{|}}{C}}-CH_3 \longleftarrow$
$\qquad\qquad\qquad\qquad\qquad H$

d) $\quad + \quad ZnBr_2$

4.

a)

b) $CH_3-CH_2-CH=CH-CH_2-CH=\overset{\overset{\displaystyle CH_3}{|}}{\underset{\underset{\displaystyle CH_3}{|}}{C}}$

4. (suite)

c)

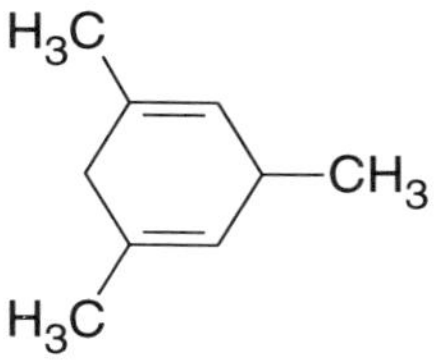

H₃C, CH₃, H₃C structure —

c)

$$H_3C \quad \text{—CH}_3 \quad H_3C$$

5.

érythro
1-bromo-1,2-diphénylpropane

$(CH_3)_3CO^- \ K^+$

A
isomère *Z*

Br^-Br

changement de
conformation

thréo racémique
B

Br^-

$C_2H_5O^-Na^+$

$+ \ C_2H_5OH \ + \ NaBr$

isomère *Z*
C

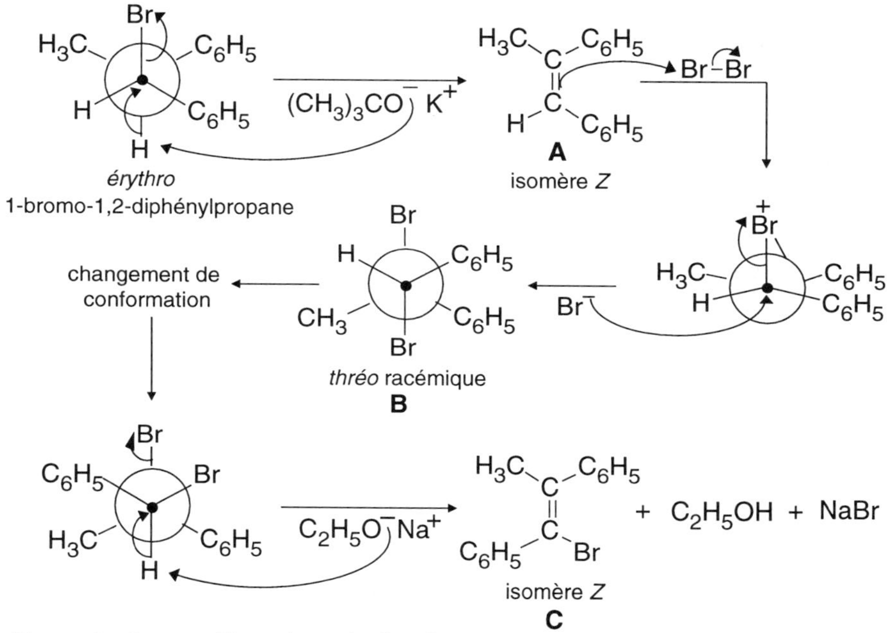

En partant avec l'isomère ***thréo*** du 1-bromo-1,2-diphénylpropane, on obtient l'isomère *E* pour **A**, le mélange racémique *érythro* pour **B** et l'isomère *E* pour **C**.

6.   Réaction globale:

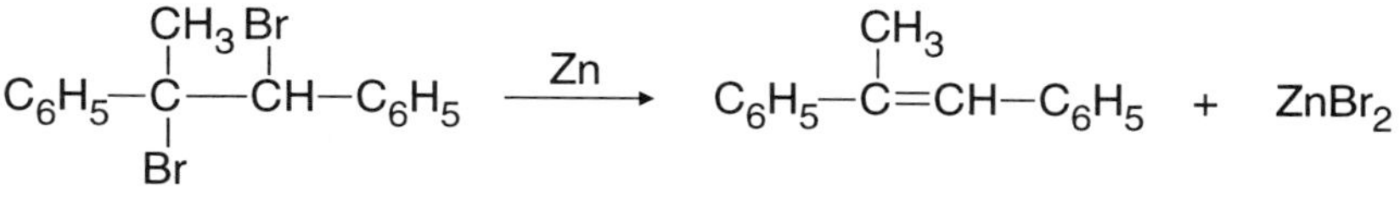

$$\underset{\underset{Br}{|}}{C_6H_5-\overset{\overset{CH_3}{|}}{C}}-\overset{\overset{Br}{|}}{C}H-C_6H_5 \xrightarrow{Zn} C_6H_5-\overset{\overset{CH_3}{|}}{C}=CH-C_6H_5 \ + \ ZnBr_2$$

Mécanisme de réaction sur l'isomère ***thréo***:

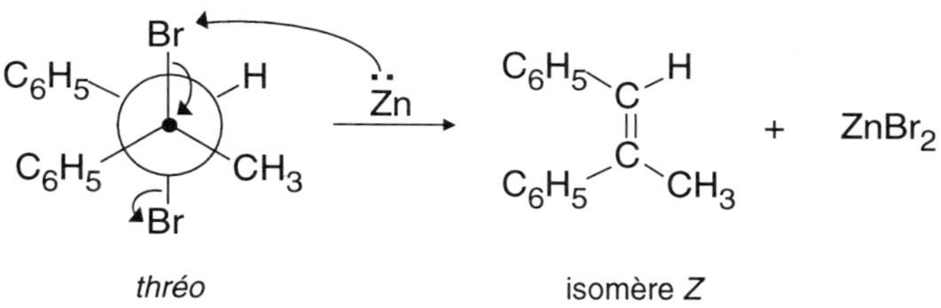

$\overset{..}{Zn}$

$+ \ ZnBr_2$

thréo   isomère *Z*

6. (suite)

Mécanisme de réaction sur l'isomère **érythro**:

érythro   isomère *E*

7. Mécanisme (en respectant la stéréochimie) de l'addition de brome:

(*E*)-1,2-diphényléthylène   *méso*

8.

A $CH_3-\underset{\underset{CH_3}{|}}{\overset{\overset{OH}{|}}{C}}-CH_2-CH_2-CH_3$

B $CH_3-\underset{\underset{CH_3}{|}}{\overset{\overset{Br}{|}}{C}}-\overset{\overset{Br}{|}}{C}H-CH_2-CH_3$

C $CH_2{=}\underset{\underset{CH_3}{|}}{C}-CH{=}CH-CH_3$

D $CH_2{=}\underset{\underset{CH_3}{|}}{C}-CH_2-CH_2-CH_3$

E $CH_3-\underset{\underset{CH_3}{|}}{C}{=}CH-CH_2-CH_3$

F $CH_3-\underset{\underset{CH_3}{|}}{\overset{\overset{Br}{|}}{C}}-CH_2-CH_2-CH_3$

G $CH_3-\overset{\overset{O}{\|}}{C}-CH_2-CH_2-CH_3$

H $CH_3-\overset{\overset{O}{\|}}{C}-CH_3$

I $H\overset{\overset{O}{\|}}{C}-CH_2-CH_3$

J $CH_3-\underset{\underset{CH_3}{|}}{C}H-CH_2-CH_2-CH_3$

9.

A $CH_3-C\equiv CH$

B $CH_3-C\equiv C^- \ Na^+$

C $CH_3-C\equiv C-CH_3$

D $CH_3-\overset{\overset{O}{\|}}{C}-CH_2-CH_3$

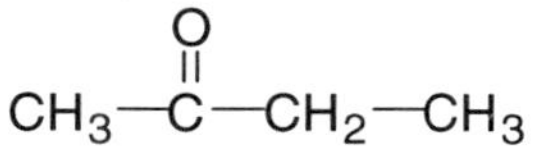

E $CH_3-\overset{\overset{Br}{|}}{\underset{\underset{Br}{|}}{C}}-CH_2-CH_3$

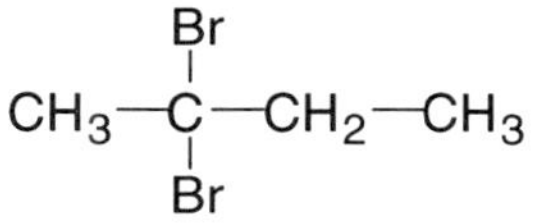

F même que **C**

G $CH_3-CH_2-CH_2-CH_3$

H $CH_3-CH_2-C\equiv CH$

I $CH_3-\overset{\overset{Br}{|}}{\underset{\underset{Br}{|}}{C}}-\overset{\overset{Br}{|}}{\underset{\underset{Br}{|}}{C}}-H$

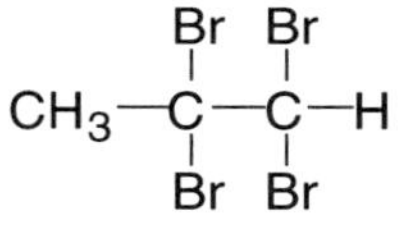

J $CH_3-CH=CH_2$

K $CH_3-\underset{\underset{CN}{|}}{CH}-CH_3$

L $CH_3-\underset{\underset{OH}{|}}{CH}-\underset{\underset{OH}{|}}{CH_2}$

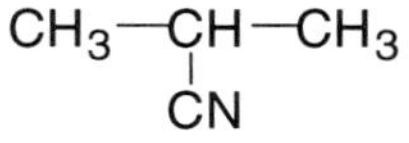

————— ✳ —————

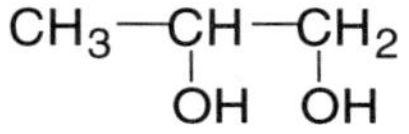

LES   6

COMPOSÉS

BENZÉNIQUES

Introduction

6.1 Présentation et aromaticité

1. Le benzaldéhyde, la vanilline, le salicylate de méthyle et bien d'autres sont des composés aromatiques utilisés dans l'alimentation. Le benzène, le toluène et les xylènes sont des solvants aromatiques.

2. Erich Hückel.

3. Les composés (a), (d) et (e) sont aromatiques.

Réactivité

6.2 La substitution

1. La substitution (ou remplacement) d'un atome d'hydrogène sur le cycle, sans que le cycle ne soit modifié. La forte densité électronique du cycle benzénique attire efficacement les réactifs électrophiles (il y en a plusieurs), mais le noyau aromatique a tellement tendance à se conserver qu'il se regénère aussitôt en même temps qu'un atome d'hydrogène quitte la molécule.

2. a) L'alkylation:

$$\bigcirc \xrightarrow[\text{(R–X + AlCl}_3\text{)}]{R^+} \bigcirc\!\!-R$$

2. (suite)

    b) La nitration:

$$\xrightarrow[(HNO_3 \ + \ H_2SO_4)]{NO_2^+}$$

    c) L'halogénation:

$$\xrightarrow[(X_2 \ + \ AlCl_3)]{X^+}$$

    d) La sulfonation:

$$\xrightarrow[(SO_3 \ + \ H_2SO_4)]{H\overset{+}{S}O_3}$$

    e) L'acylation:

$$\xrightarrow[\left(R-\underset{\underset{O}{\|}}{C}-Cl \ + \ AlCl_3\right)]{R-\overset{+}{C}\underset{O}{\diagdown}}$$

3.

    a) le nitrobenzène   b) le chlorobenzène   c) le toluène   d) le styrène

    e) l'acide benzènesulfonique   f) l'aniline   g) le phénol   h) l'acide benzoïque

4. Il s'agit d'une réaction de Friedel-Crafts.

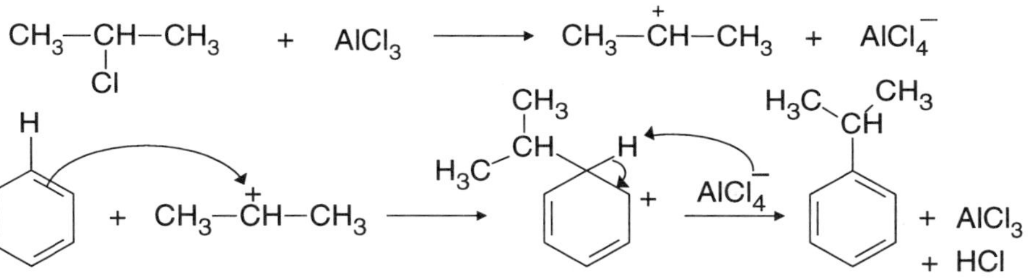

5. La présence d'un premier substituant sur le cycle a une influence déterminante sur la position d'entrée de tout autre substituant, parce qu'il modifie légèrement la distribution électronique du noyau et, de ce fait, oriente toute substitution subséquente.

6. Les substituants qui activent fortement le cycle benzénique face à l'arrivée d'un réactif électrophile sont donneurs d'électrons par effet méso- mère. **Z** peut être l'un des groupements suivants:

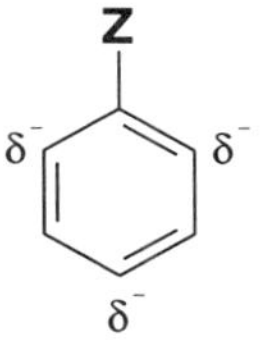

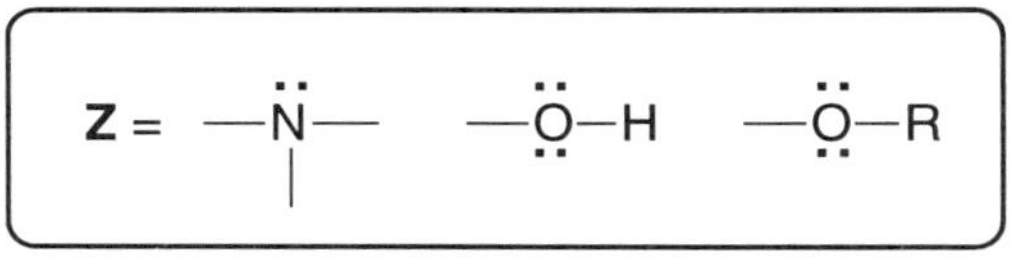

La présence de l'un de ces substituants sur le cycle oriente toute substitution subséquente vers les positions ***ortho*** et ***para***.

7. Les substituants qui désactivent fortement le cycle benzénique face à l'arrivée d'un réactif électrophile sont attracteurs d'électrons par effet mésomère. **Z** peut être l'un des groupements suivants:

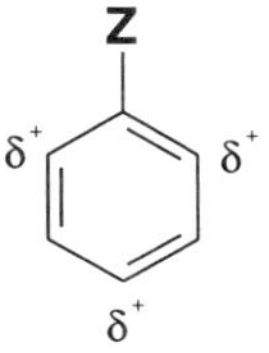

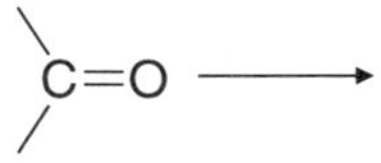

- acides
- cétones
- aldéhydes
- amides

La présence de l'un de ces substituants sur le cycle oriente toute substitution subséquente vers la position ***méta***.

8. Hybride de résonance du phénol mettant en évidence les positions d'entrée favorisées pour un réactif électrophile (positions *ortho* et *para*):

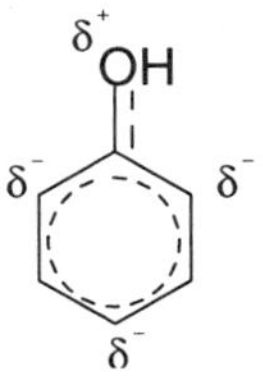

9.

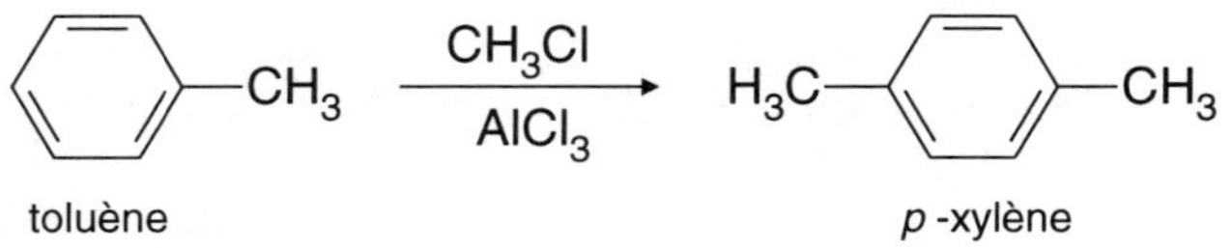

toluène → p -xylène

$$\text{CH}_3\text{Cl} / \text{AlCl}_3$$

10. La représentation de l'hybride de résonance du benzaldéhyde permet de constater que l'entrée d'un réactif électrophile sur le cycle est défavorisée à cause du caractère positif qui s'y développe. Le réactif électrophile se fixe alors en position **_méta_** par défaut.

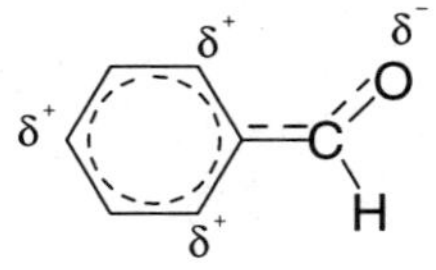

11. a) $\text{Br}_2 + \text{FeBr}_3 \longrightarrow \text{Br}^+ + \text{FeBr}_4^-$

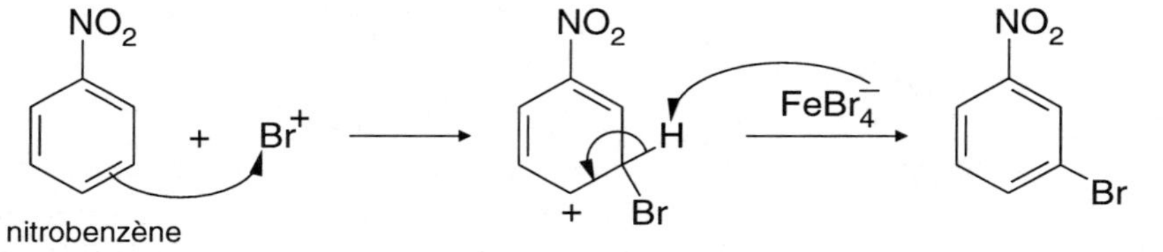

nitrobenzène

b) $\text{HNO}_3 + \text{H}_2\text{SO}_4 \longrightarrow \text{NO}_2^+ + \text{HSO}_4^- + \text{H}_2\text{O}$

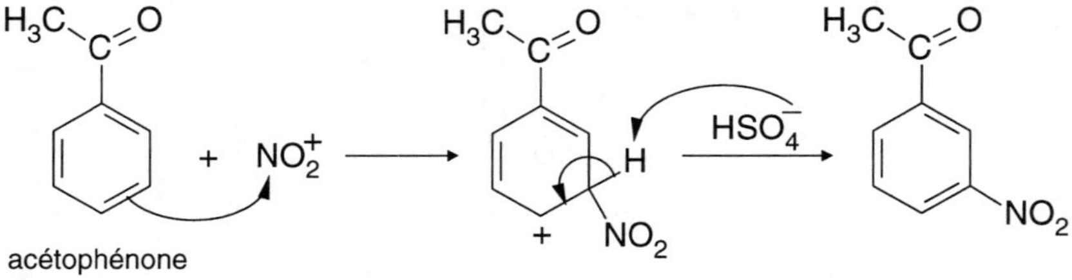

acétophénone

12. On obtient de la substitution sur les groupes méthyle seulement. C'est une réaction radicalaire catalysée généralement par la lumière ultraviolette. Le cyle n'est attaqué que par les réactions typiquement ioniques comme la substitution électrophile.

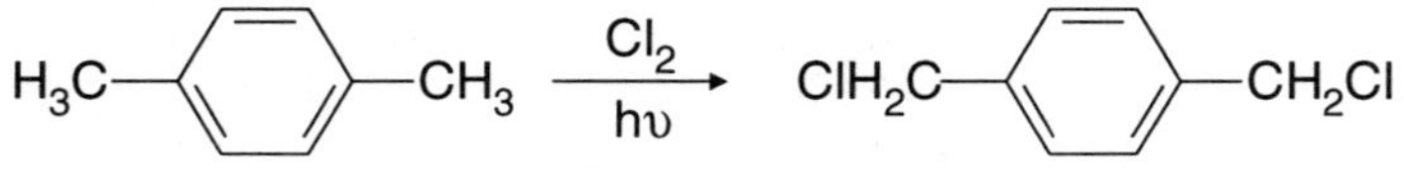

$$\text{Cl}_2 / h\upsilon$$

13.　**A :**

B :

14.

6.3 et 6.4 L'addition d'hydrogène et l'oxydation

---

1. a) Faux. Il est très difficile de l'oxyder. La molécule affiche une stabilité remarquable. Cette stabilité, entre autres, contribue aux problèmes dûs à la persistance des BPC et du DDT dans l'environnement.

   b) Vrai. Alors qu'elles sont faciles sur les alcynes et les alcènes, il est presque impossible de les effectuer sur le noyau benzénique.

2. Rompre l'aromaticité du benzène n'est pas chose facile. Pour le transformer en cyclohexane, il faut utiliser un catalyseur, le Nickel de Raney, avec de l'hydrogène et effectuer l'opération à température et pression élevées. La réaction est de type radicalaire.

3. L'oxydation sur les noyaux benzéniques substitués se fait plus facilement parce qu'elle a lieu sur les substituants eux-mêmes plutôt que sur le noyau benzénique. Cette réaction permet d'étudier les positions relatives des substituants puisque chacun des substituants est alors transformé en fonction acide carboxylique, plus facilement identifiable.

4. L'addition électrophile, malgré la forte densité électronique du cycle benzénique, est peu probable puisqu'elle briserait l'aromaticité du cyle, laquelle tend toujours à être conservée (stabilité = niveau d'énergie plus bas, donc toujours favorisé).

5. L'acide *o*-phtalique:

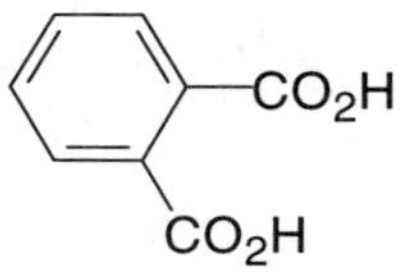

6.

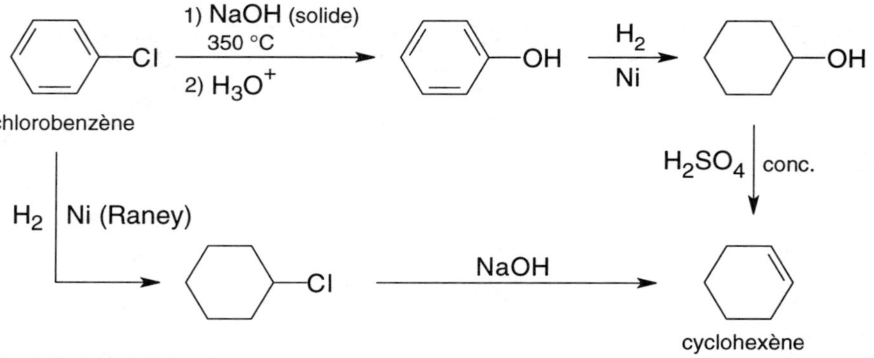

chlorobenzène

Exercices complémentaires

1.

a)

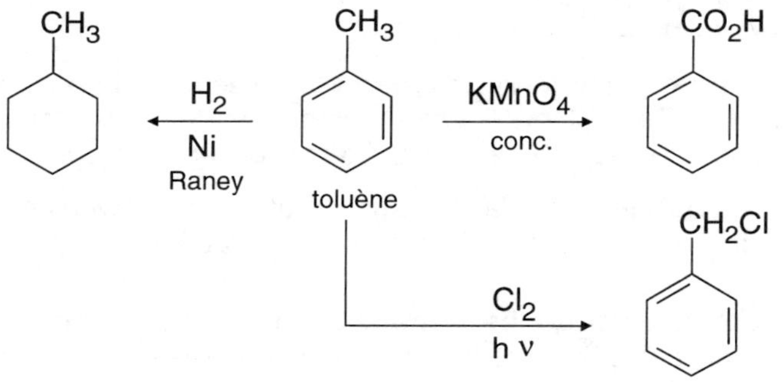

toluène

b)

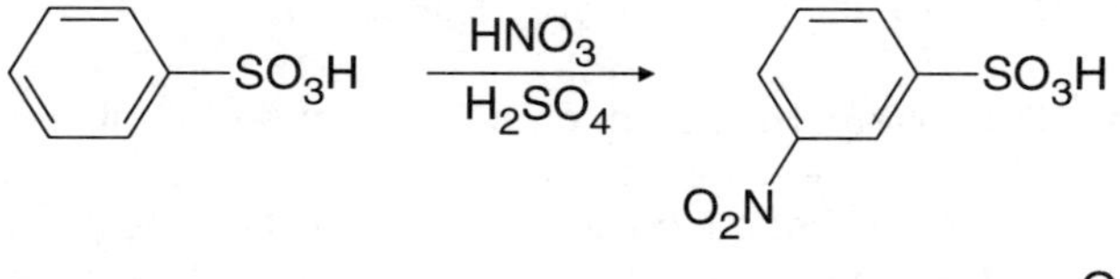

c)

prédominant

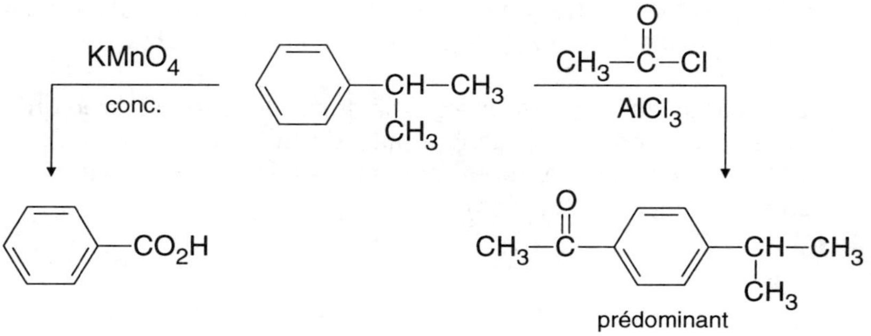

2.

a)

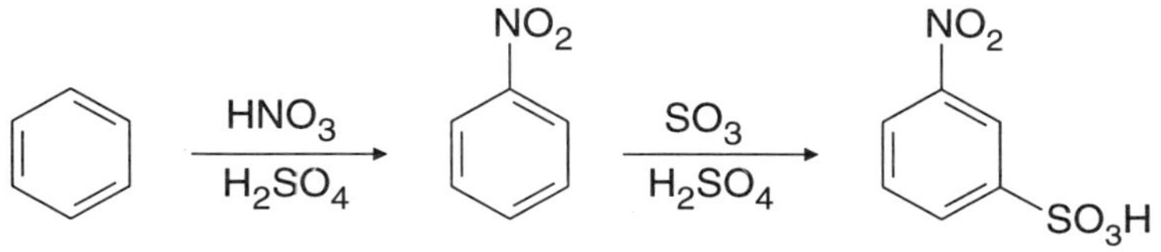

b)

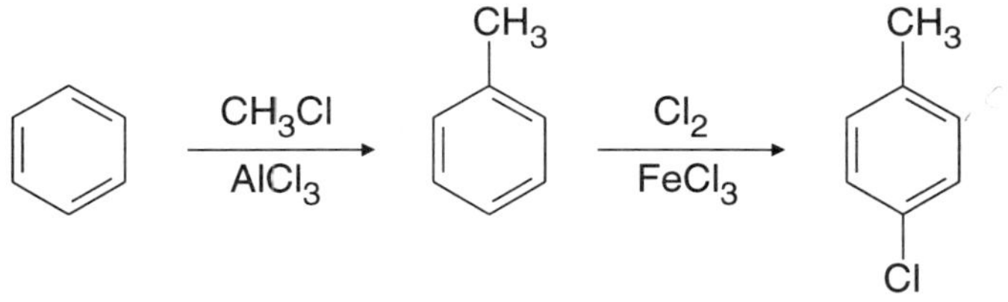

c)

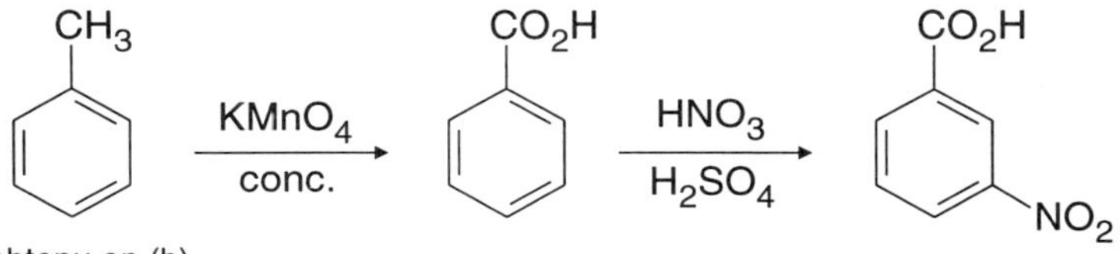

obtenu en (b)

3. a) 1. $(CH_3)_3C-Br$ + $AlCl_3$ $\longrightarrow$ $(CH_3)_3C^+$ + $AlCl_3Br^-$

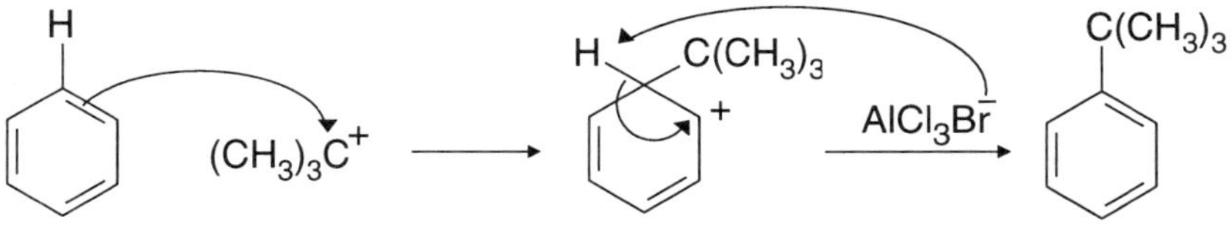

2. HNO_3 + H_2SO_4 $\longrightarrow$ NO_2^+ + HSO_4^- + H_2O

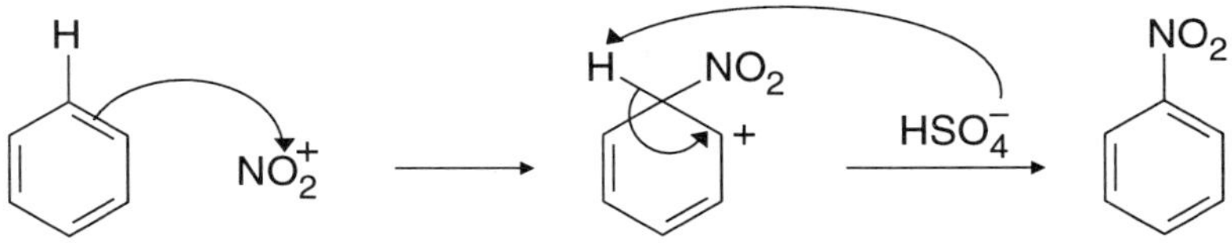

3. $CH_3-\overset{\displaystyle O}{\overset{\|}{C}}-Cl$ + $AlCl_3$ $\longrightarrow$ $CH_3-\overset{\displaystyle O}{\overset{\|}{C}}{}^+$ + $AlCl_4^-$

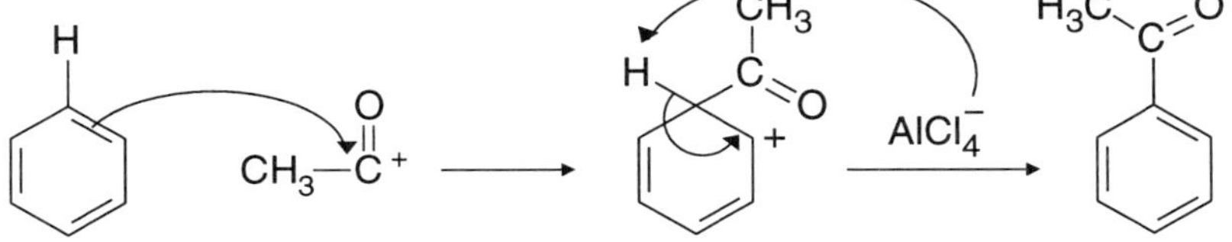

3. (suite)

b) CH_3Br + $AlCl_3$ $\longrightarrow$ $^+CH_3$ + $AlCl_3Br^-$

c) $FeCl_3$ + Cl_2 $\longrightarrow$ Cl^+ + $FeCl_4^-$

d) HNO_3 + H_2SO_4 $\longrightarrow$ NO_2^+ + HSO_4^- + H_2O

substitution électrophile   prédominant
en *ortho* et *para*

4.

A ⬡—CH_3

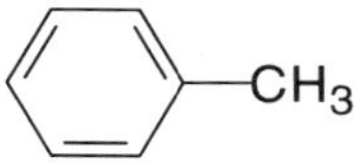

B ⬡—CO_2H

C ⬡—CO_2H (Br)

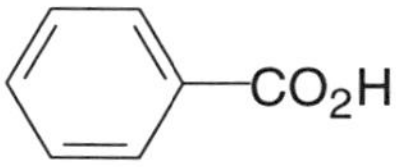

D ⬡—CH_2Cl

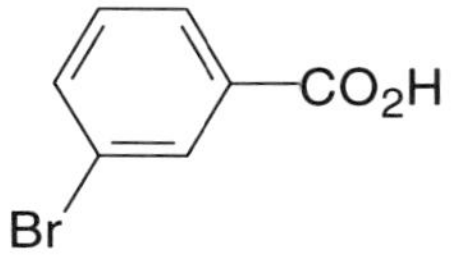

E ⬡—SO_3H

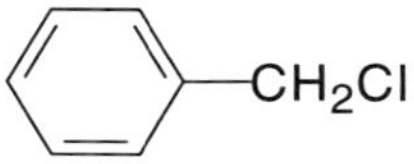

F ⬡—Cl

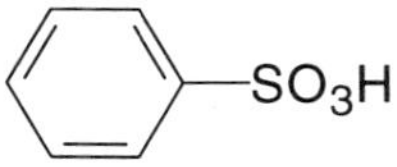

G ⬡—OH

H ⬡—OH (cyclohexane)

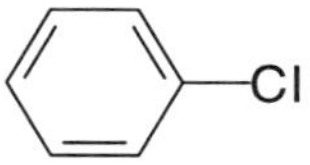

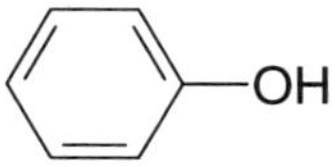

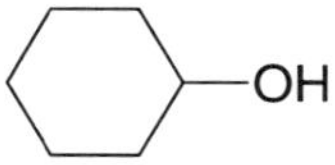

I H_3C—$\overset{O}{\overset{\|}{C}}$—⬡—$OH$

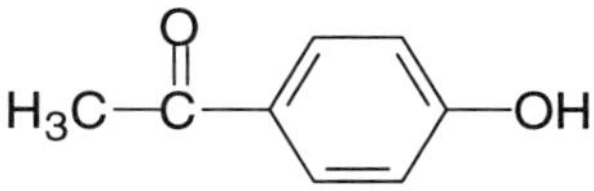

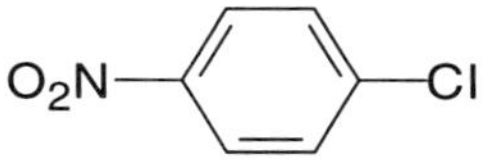

J O_2N—⬡—Cl

5.

A ⬡—CH_2—CH_3

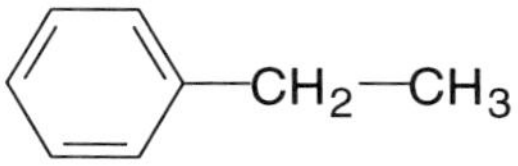

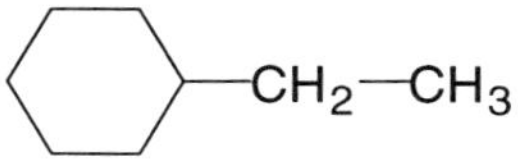

B ⬡—CH_2—CH_3 (cyclohexane)

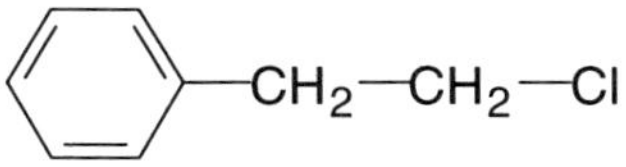

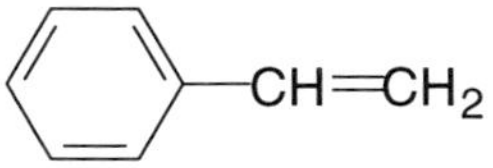

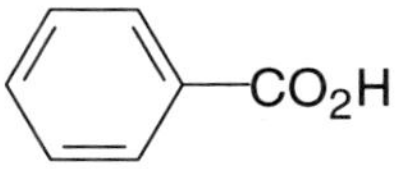

C ⬡—CH_2—CH_2—Cl

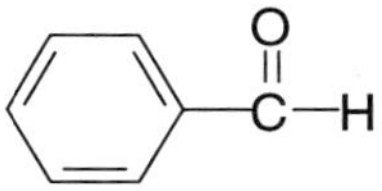

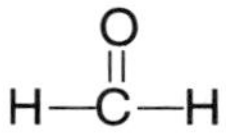

D ⬡—CH=CH_2

E ⬡—CO_2H

F ⬡—$\overset{O}{\overset{\|}{C}}$—$H$

G H—$\overset{O}{\overset{\|}{C}}$—$H$

H même que **E**

I ⬡—CO_2H (O_2N)

J H_3C—⬡—CH_2—CH_3

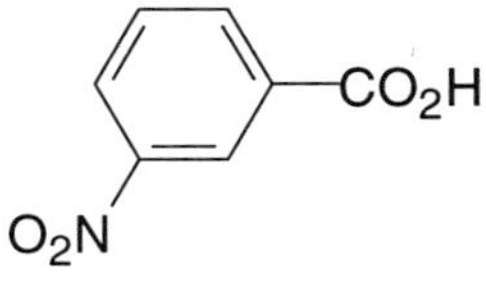

K HO_2C—⬡—CO_2H

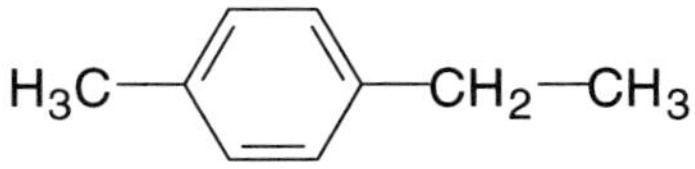

──── ✳ ────

LES 7
COMPOSÉS
HALOGÉNÉS

7.1 Généralités

1. La différence d'électronégativité entre le carbone et les halogènes n'est pas suffisamment élevée pour entraîner une séparation de charge + et -. Pour cette raison, les halogènes et le carbone forment des liaisons covalentes. Bien que fortes, ces liaisons conservent une polarité importante les rendant aptes à participer à de multiples réactions (i.e. elles peuvent être rompues malgré tout).

2. Oui. On trouve plusieurs composés halogénés dans la nature. Certains ont été décelés chez des organismes marins vivant à de grandes profondeurs et dans un milieu à forte concentration saline. Les volcans et les feux de forêts, entre autres, en produisent beaucoup également.

3. Non. L'homme a inventé de toutes pièces beaucoup de dérivés halogénés organiques qui n'existent pas dans la nature. Mais il n'avait pas prévu tous les problèmes reliés à la persistance de ces composés et leurs effets sur la couche d'ozone.

4. Ce sont surtout les CFC (chlorofluorocarbones) dont les principaux représentants sont les fréons 12, 13 et 22.

5. a) 2° $CH_3\underset{\underset{Br}{|}}{CH}CH_3$ b) 3° $CH_3\underset{\underset{Cl}{|}}{\overset{\overset{CH_3}{|}}{C}}CH_3$ c) 1° $CH_3CH_2CH_2CH_2CH_2{-}I$

Synthèse des composés halogénés

7.2 Par réaction de substitution

1. Les hydrocarbures et les alcools.

2. Parce qu'il y a production d'un mélange de produits, généralement difficiles à séparer. D'ailleurs, qui dit mélange de plusieurs produits dit aussi diminution de rendement pour chacun des produits pris individuellement.

3. Le noyau aromatique lié à la partie hydrocarbure permet de contrôler et de réduire le nombre de produits formés. En effet, la substitution radicalaire n'a lieu que sur la ramification et non sur le noyau aromatique (benzénique ou autre).

4. Non. La liaison covalente C—O est très forte. Le carbocation et l'ion hydroxyde, résultant d'une séparation du groupe OH d'avec la chaîne carbonée, auraient tellement tendance à se réunir qu'ils ne sont pas du tout portés à se séparer. Thermodynamique (stabilité) oblige!

5. La protonation permet en quelque sorte à un groupe OH de se transformer en molécule d'eau potentielle. La molécule d'eau étant très stable et l'alcool protoné devenu instable à cause de la charge positive, il suffit d'avoir un nucléophile dans le décor pour que la molécule d'eau quitte son lieu de formation simultanément à la fixation du nucléophile. Parfois la molécule d'eau quitte d'elle-même l'alcool protoné lorsque le carbocation généré est tertiaire (plus grande stabilité).

6. a) Réaction homolytique

$$CH_3-CH_3 \xrightarrow{Cl_2}{h\nu} CH_3-CH_2-Cl \xrightarrow{\text{(la réaction peut se poursuivre)}} \underset{\underset{Cl}{|}}{CH_2}-\underset{\underset{Cl}{|}}{CH_2} \longrightarrow Cl-\underset{\underset{Cl}{\overset{Cl}{|}}}{C}-\underset{\underset{Cl}{\overset{Cl}{|}}}{C}-Cl$$

b) Réaction hétérolytique (mécanisme S_N1)

1-méthylcyclohexan-1-ol　　　　　　　　carbocation
　　　　　　　　　　　　　　　　　　　　tertiaire

c) Réaction homolytique

toluène

d) Réaction hétérolytique

$$CH_3-CH_2-CH_2-CH_2-OH \xrightarrow{PCl_3} CH_3-CH_2-CH_2-CH_2-Cl$$

butan-1-ol

e) Réaction hétérolytique

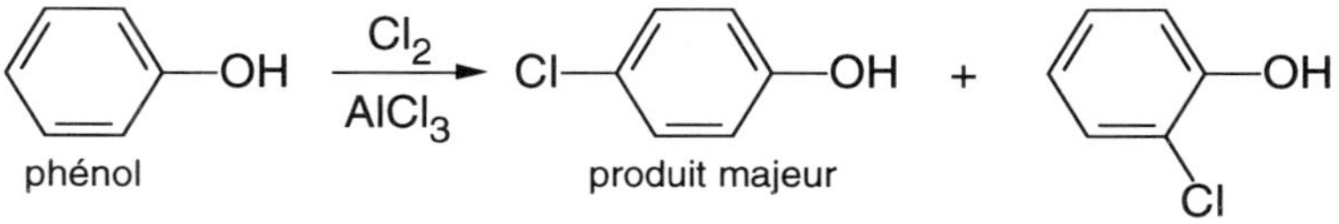

phénol — produit majeur

7.3 Par réaction d'addition

1. Alcène, alcyne et carbonyle.

2. a) $CH_3-CH=CH-CH_3 + HCl \longrightarrow CH_3-CH-CH_2-CH_3$
                                                    $|$
                                                    Cl

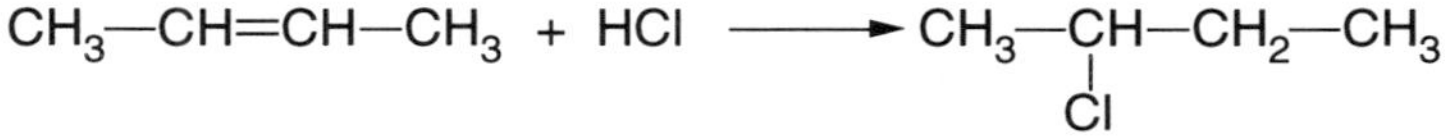

b) $+$ I_2 $\longrightarrow$

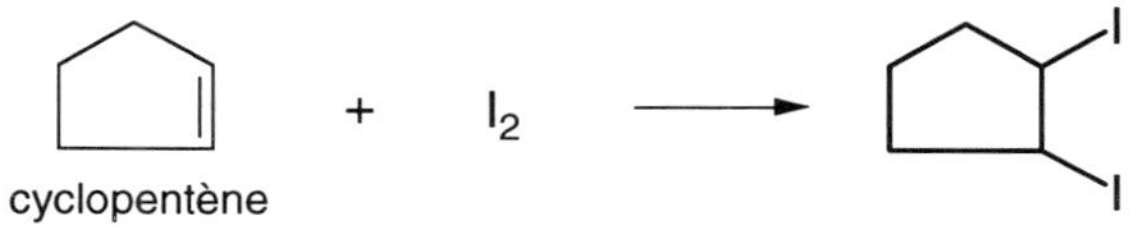

cyclopentène

c) $CH_3-C\equiv C-H$ $\xrightarrow{2\ HBr}$ $CH_3-\underset{\underset{Br}{|}}{\overset{\overset{Br}{|}}{C}}-CH_3$

propyne

d) $CH_3-C\equiv C-CH_3$ $\xrightarrow{2\ Br_2}$ $CH_3-\underset{\underset{Br}{|}}{\overset{\overset{Br}{|}}{C}}-\underset{\underset{Br}{|}}{\overset{\overset{Br}{|}}{C}}-CH_3$

but-2-yne

e) $+$ PCl_5 $\longrightarrow$

benzaldéhyde

3. $CH_3-C\equiv C-CH_2-CH_2-CH_3$

$\xrightarrow[Pd]{H_2}$ $CH_3-CH=CH-CH_2-CH_2-CH_3$ $\xrightarrow{Br_2}$

$CH_3-\underset{\underset{Br}{|}}{CH}-\underset{\underset{Br}{|}}{CH}-CH_2-CH_2-CH_3$

2,3-dibromohexane

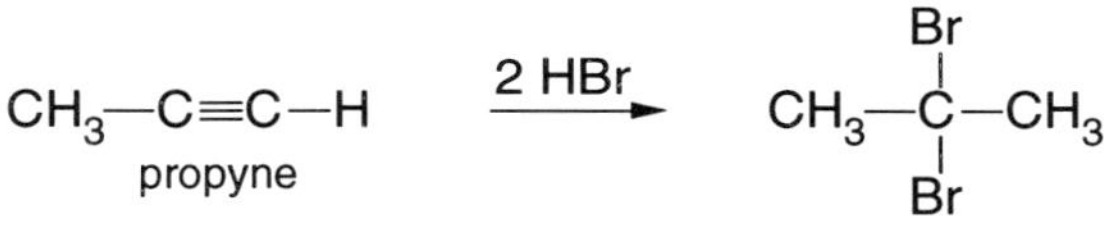

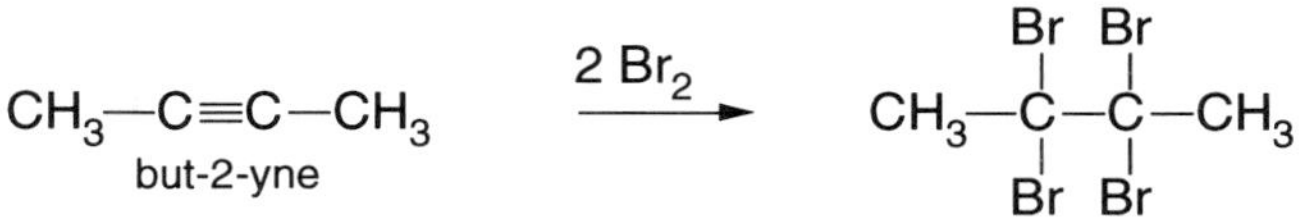

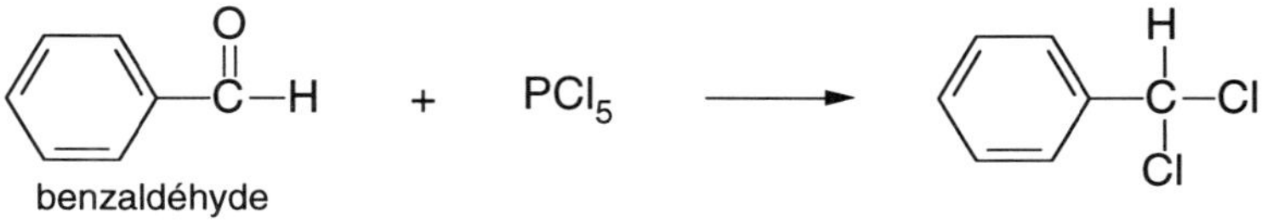

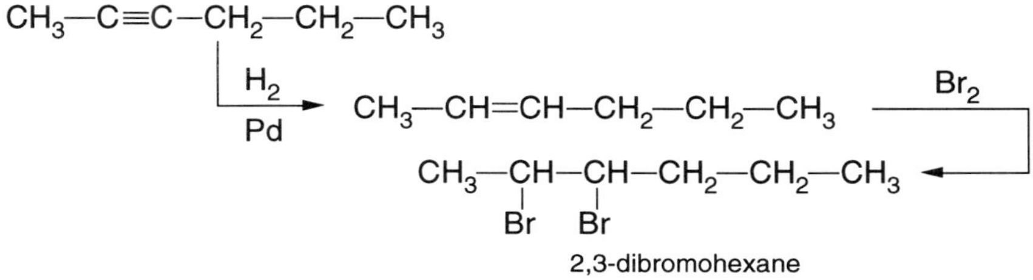

4.

cyclohexanone　　　　　　　　　　　　　　1,1-dichlorocyclohexane

Réactivité des composés halogénés

7.4 La substitution

1. Parce que ce sont des composés polarisés au niveau de la liaison C—X. Cela rend possible le départ éventuel du groupe X dans une réaction hétérolytique de substitution ou d'élimination.

2.

3.

4. La fonction que l'on désire obtenir impose le choix du nucléophile. Mais on doit aussi tenir compte de la force du nucléophile et du type d'halogénure-substrat (1°, 2° ou 3°).

5.

Dérivé halogéné	Nucléophile	Stabilité du carbocation	Mécanisme favorisé
1°	fort	faible	S_N2
2°	moyen		
3°	faible	élevée	S_N1

6. Le substrat étant asymétrique, le nombre d'étapes de la substitution (d'ordre 1 ou d'ordre 2) est d'une importance capitale en ce qui a trait aux produits obtenus (voir section 7.4).

7. Mélange racémique dans le cas d'une S_N1.

   Inversion de configuration dans le cas d'une S_N2.

8. Les deux possibilités d'attaque:

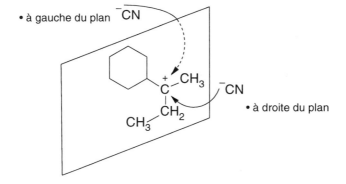

9. a)

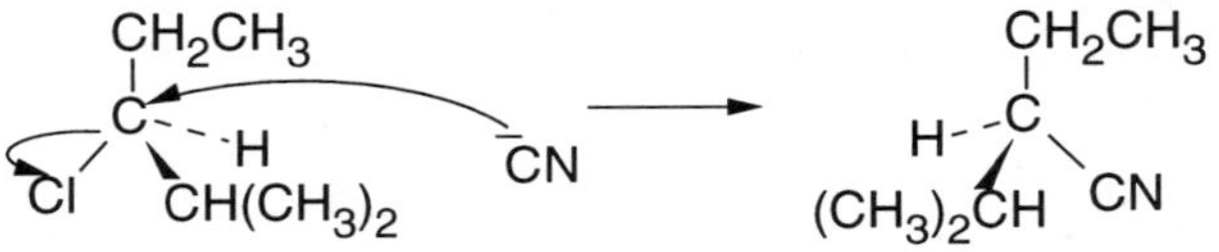

3-chloro-2-méthylpentane   (inversion de configuration)

b) Puisque la substance de départ est dextrogyre (+15°) et qu'un mécanisme S_N2 implique une inversion de configuration, le produit final sera fort probablement lévogyre, mais avec une valeur différente de 15° , par exemple -25°, parce qu'il ne s'agit pas de l'image de miroir du substrat.

10. Mécanisme S_N2

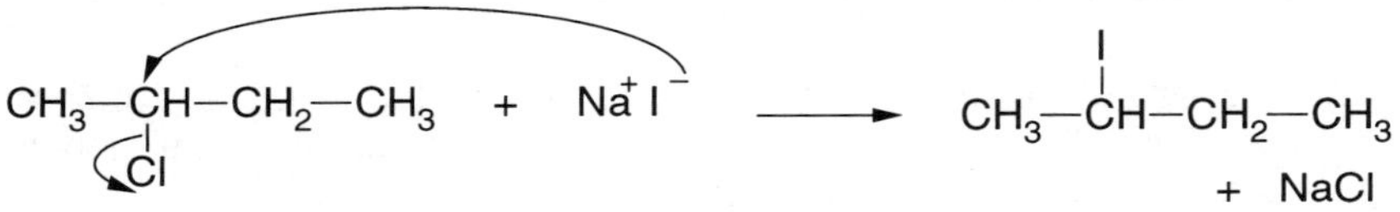

7.5 L'élimination

1. E1 et E2

2. L'élimination. Elle peut être E1 ou E2.

3. 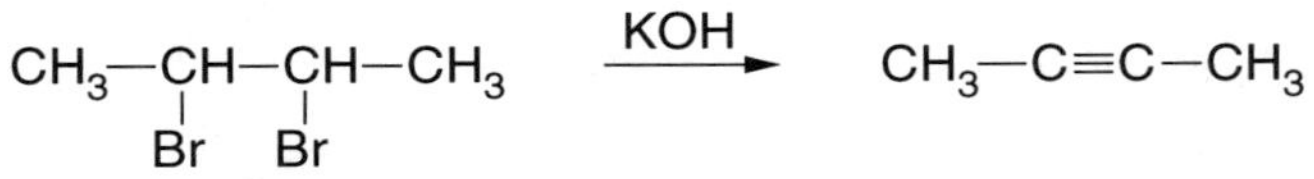 $CH_3-CH-CH-CH_3$ $\xrightarrow{\text{KOH}}$ $CH_3-C\equiv C-CH_3$

   Br   Br

   2,3-dibromobutane

4. a)

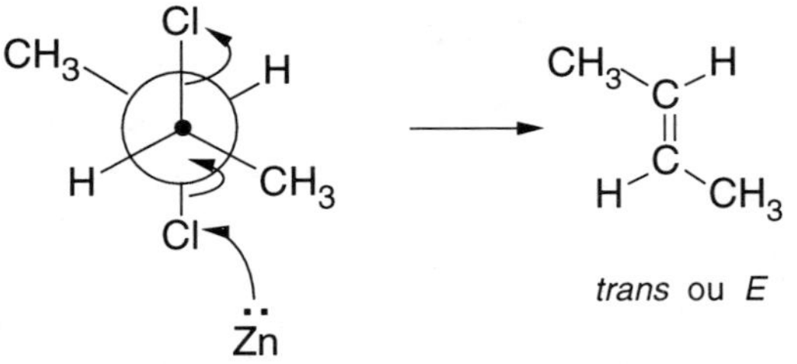

(*méso*)-2,3-dichlorobutane

trans ou *E*

b)

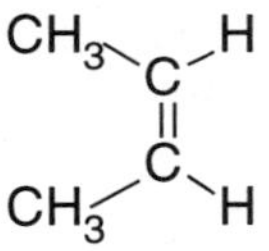

l'isomère *thréo* donne le *cis* ou *Z*

7.6 La compétition substitution / élimination

1. Les deux réactions mettent en jeu les mêmes substrats et réactifs; de plus, elles passent par des phases intermédiaires analogues.

2. On peut favoriser la réaction S_N1 en choisissant un R—X tertiaire et en utilisant un Nu faible. Un solvant polaire peut aussi aider.

3. On peut favoriser une élimination par l'emploi d'une base forte. Si R—X est primaire, il est préférable d'utiliser une solution concentrée de la base forte et/ou chauffer.

4. a) Élimination, R—X (3°):

$$CH_3-\overset{\overset{\text{Br}}{|}}{\underset{\underset{\text{CH}_3}{|}}{C}}-CH_2CH_2CH_3 \xrightarrow[\text{(base forte)}]{CH_3CH_2\overset{-}{O}} \overset{CH_3}{\underset{CH_3}{}}C=C\overset{H}{\underset{CH_2CH_3}{}}$$

b) Substitution, R—X (3°):

$$CH_3-\overset{\overset{\text{Br}}{|}}{\underset{\underset{\text{CH}_3}{|}}{C}}-CH_2CH_2CH_3 \xrightarrow[\text{(Nu faible)}]{H_2O} CH_3-\overset{\overset{\text{OH}}{|}}{\underset{\underset{\text{CH}_3}{|}}{C}}-CH_2CH_2CH_3$$

c) Même chose que a).

d) Substitution, R—X (3°):

$$CH_3-\overset{\overset{\text{Br}}{|}}{\underset{\underset{\text{CH}_3}{|}}{C}}-CH_2CH_2CH_3 \xrightarrow[\substack{\text{(bon} \\ \text{nucléophile)}}]{\overset{-}{CN}} CH_3-\overset{\overset{\text{CN}}{|}}{\underset{\underset{\text{CH}_3}{|}}{C}}-CH_2CH_2CH_3$$

5. a) • Avec CH_3OH

• R—X de départ est tertiaire • le nucléophile est faible • donc substitution surtout.

$$\longrightarrow CH_3-CH_2-\overset{\overset{\text{CH}_3}{|}}{\underset{\underset{\text{H}_3\text{CO}}{|}}{C}}-\overset{}{\underset{\underset{\text{CH}_3}{|}}{CH}}-CH_3 \quad \text{majeur}$$

$$CH_3-CH_2-\overset{\overset{\text{CH}_3}{|}}{\underset{\underset{\text{CH}_3}{|}}{C}}=C-CH_3 \quad \text{peu}$$

• Avec $NaNH_2$
Dans ce cas-ci, la base est très forte, donc élimination conduisant à 100% de: $CH_3-CH_2-\overset{\overset{\text{CH}_3}{|}}{\underset{\underset{\text{CH}_3}{|}}{C}}=C-CH_3$

5. (suite)

b) • Avec $CH_3O^- Na^+$

> • la base est forte
> • l'halogénure est primaire
> • donc substitution surtout mais avec passablement d'élimination.

$$\langle\!\!\!\bigcirc\!\!\!\rangle\text{—}CH_2\text{—}CH_2\text{—}O\text{—}CH_3 \quad + \quad \langle\!\!\!\bigcirc\!\!\!\rangle\text{—}CH{=}CH_2$$

beaucoup

• Avec NaOH conc. + chaleur

Le produit d'élimination est favorisé par les conditions rigoureuses dans lesquelles agit la base:

$$\langle\!\!\!\bigcirc\!\!\!\rangle\text{—}CH{=}CH_2$$

• Avec NaCN

L'ion cyanure, CN^-, est un bon nucléophile, mais une base faible; donc la substitution sera favorisée pour produire:

$$\langle\!\!\!\bigcirc\!\!\!\rangle\text{—}CH_2\text{—}CH_2\text{—}CN$$

7.7 Réactivité avec un métal

1. a) $CH_3\text{—}CH_2\text{—}Li$

   b) $CH_3\text{—}CH_2\text{—}Mg\text{-}Br$

2. a) $CH_3\text{—}CH_2\text{—}CH_2\text{—}Mg\text{-}Br$ b) $\langle\text{pentagone}\rangle\text{—}Mg\text{-}Br$ c) $CH_3\text{—}\underset{\underset{Mg\text{-}Br}{|}}{CH}\text{—}CH_3$

3. a) CH_3Li, méthyllithium   et CH_3MgBr, bromure de méthylmagnésium.

   b) À cause de la valence +1 du lithium.

4. Le réactif de Grignard se prépare ordinairement dans l'éthoxyéthane (l'éther) anhydre (i.e. sans eau, séché chimiquement au moyen de sodium métal). Les interactions entre les molécules d'éthoxyéthane et l'organométallique stabilisent ce dernier:

$$Et\text{—}\overset{..}{\underset{..}{O}}\text{—}Et$$
$$\downarrow$$

$$CH_3\text{—}CH_2\text{—}Br \quad \xrightarrow[\substack{\text{dans} \\ \text{l'éthoxyéthane} \\ \text{anhydre}}]{Mg} \quad CH_3\text{—}\overset{\delta^-}{\underset{\quad}{}}\overset{\delta^+}{CH_2}\text{—}\overset{\delta^-}{Mg}\text{-}Br$$

$$\uparrow$$
$$Et\text{—}\overset{..}{\underset{..}{O}}\text{—}Et$$

Réactivité des organomagnésiens

7.8 Réactions d'addition nucléophile à l'aide d'un Grignard

1. Aldéhyde, cétone, ester, chlorure d'acide, anhydride, oxyde d'éthylène (ce dernier allonge la chaîne carbonée de deux carbones).

2. Une cétone peut être obtenue à partir d'un nitrile.
   On obtient un acide lorsque l'addition est faite sur le dioxyde de carbone.

3. a)

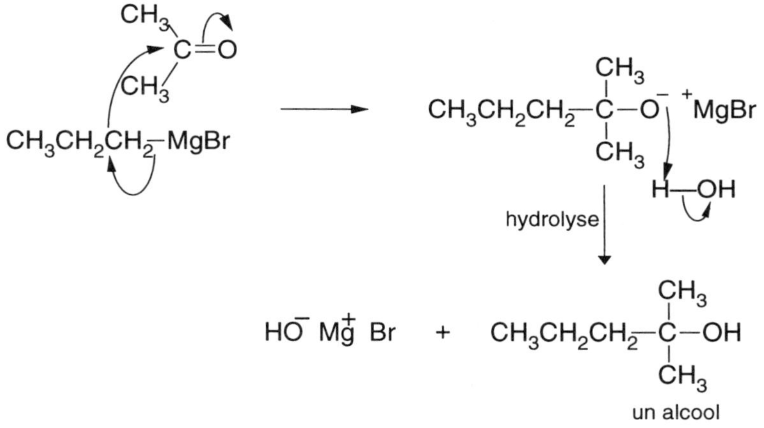

un alcool

b)

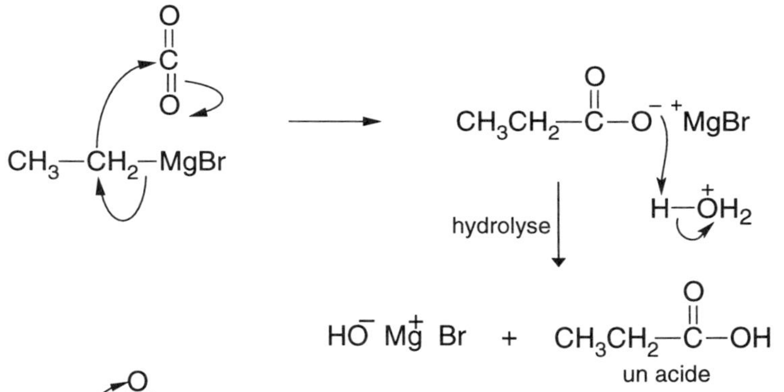

un acide

c)

noter le gain de
deux carbones

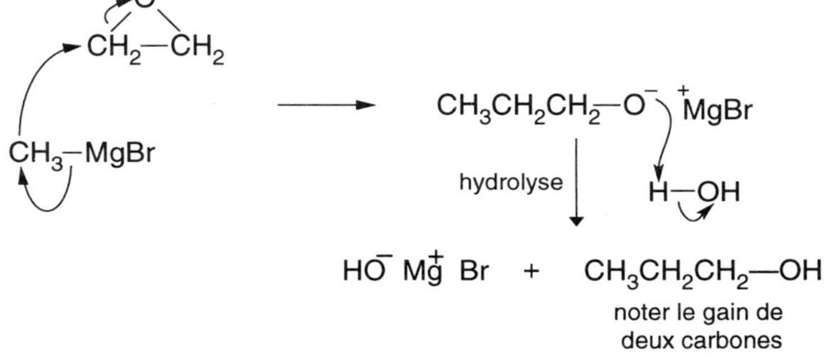

4.

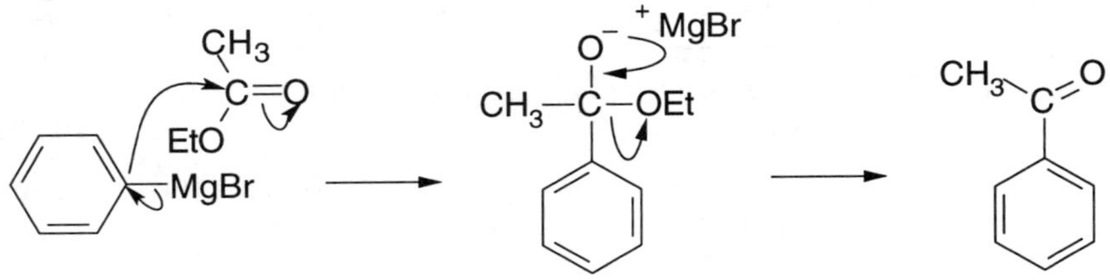
CH3
C=O
EtO
MgBr
O⁻ ⁺MgBr
CH3—C—OEt
CH3—C=O

...et la réaction se poursuit:

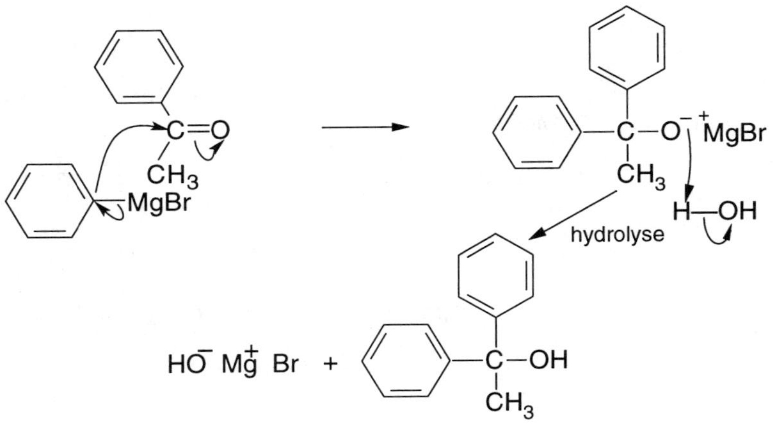
C=O
CH3
MgBr
C—O⁻ ⁺MgBr
CH3
H—OH
hydrolyse
HO⁻ Mg⁺ Br +
C—OH
CH3

5.

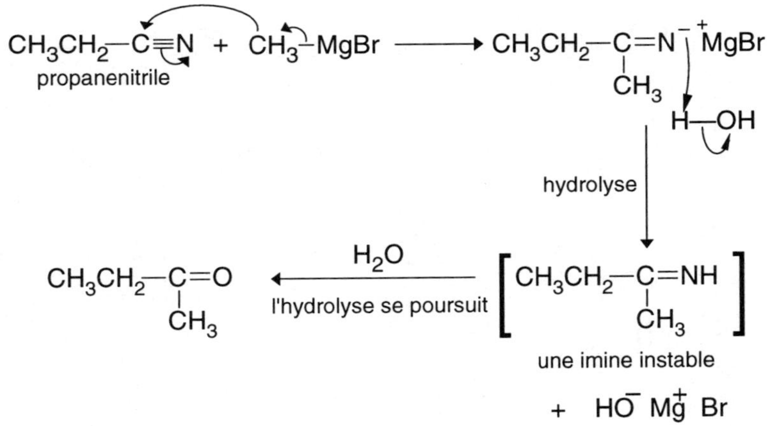
CH3CH2—C≡N + CH3—MgBr
propanenitrile
CH3CH2—C=N⁻ ⁺MgBr
CH3
H—OH
hydrolyse
CH3CH2—C=NH
CH3
une imine instable
+ HO⁻ Mg⁺ Br
H2O
l'hydrolyse se poursuit
CH3CH2—C=O
CH3

7.9 Réactions de substitution nucléophile à l'aide d'un Grignard

1. R—X et H—A

2. H—X   acide halogéné

   H—OH   eau

   H—OR   alcool

   $$H-O-\overset{\overset{\displaystyle O}{\|}}{C}-R \qquad \text{acide carboxylique}$$

   H—NH$_2$ ammoniac

   H—NH—R   amine

   H—C≡C—R   alcyne vrai

3. Parce que cet atome d'hydrogène lié directement à un élément plus électronégatif, O, N, ou X, acquiert un caractère positif et devient vulnérable à l'attaque d'un réactif de Grignard (ce dernier jouant le rôle d'une base forte).

4. En transformant le bromoéthane en réactif de Grignard puis en le faisant réagir avec le bromométhane:

$$CH_3CH_2-Br + Mg \xrightarrow[\text{anhydre}]{\text{éthoxyéthane}} CH_3CH_2-MgBr \xrightarrow{CH_3-Br} CH_3CH_2CH_3$$

   bromoéthane   propane

5. a) $CH_3-O-H + C_2H_5MgBr \longrightarrow C_2H_6 + CH_3-O^-\ ^+MgBr$

      méthanol   éthane

   b) $CH_3COOH + CH_3MgBr \longrightarrow CH_4 + CH_3-\overset{\overset{\displaystyle O}{\|}}{C}-O^-\ ^+MgBr$

      acide acétique   méthane

   c) $NH_3 +$ ⟨benzène⟩—MgBr $\longrightarrow$ ⟨benzène⟩ $+ NH_2^-\ ^+MgBr$

                                                   benzène

   d) $CH_3CH_2CH_2-MgBr + H_2O \longrightarrow CH_3CH_2CH_3 + HO^-\ ^+MgBr$

                                                   propane

6.

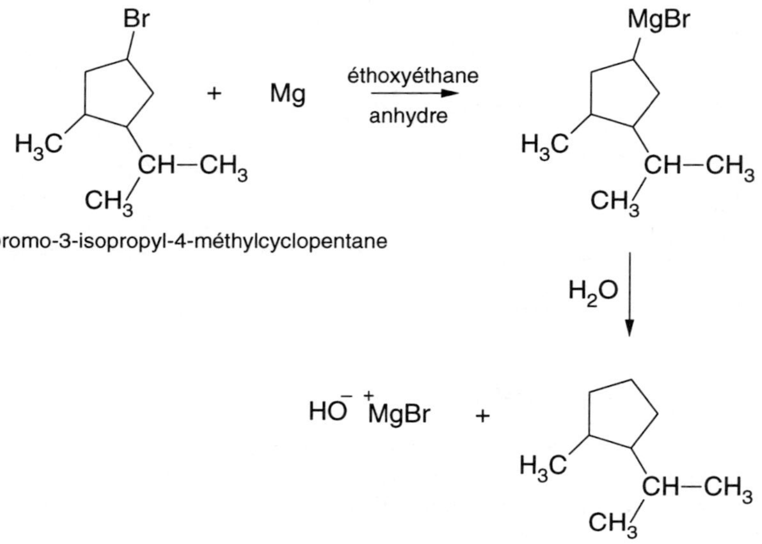
Br
+ Mg
éthoxyéthane
anhydre
MgBr
H3C
CH—CH3
CH3
1-bromo-3-isopropyl-4-méthylcyclopentane
H2O
HO⁻ ⁺MgBr +

Exercices complémentaires

1. a) Substitution nucléophile bimoléculaire puisque l'halogénure est primaire et le réactif une base forte diluée, cette dernière jouant le rôle d'un nucléophile fort.

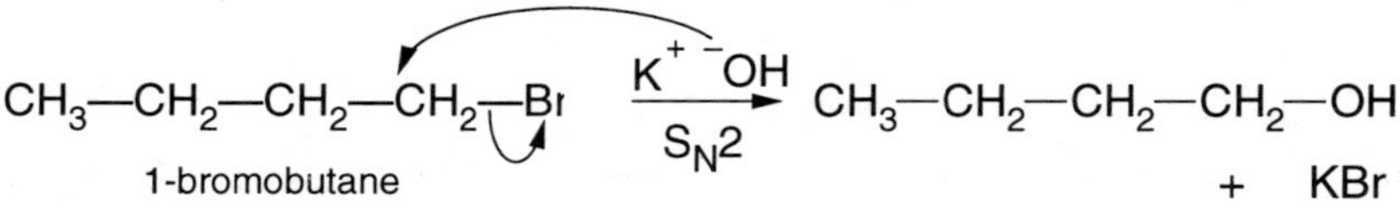
CH3—CH2—CH2—CH2—Br
K⁺ ⁻OH
SN2
CH3—CH2—CH2—CH2—OH
+ KBr
1-bromobutane

b) Élimination unimoléculaire puisque l'halogénure est tertiaire et la base forte. Appliquer la règle de Saytzev.

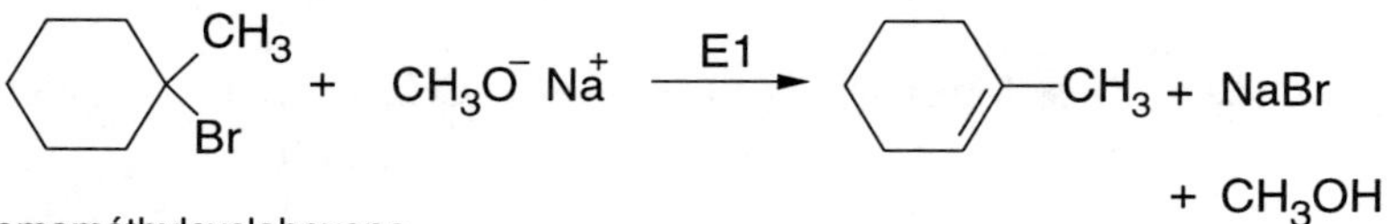
CH3
Br
+ CH3O⁻ Na⁺
E1
CH3 + NaBr
+ CH3OH

1-bromométhylcyclohexane

1. (suite)

c) Substitution nucléophile unimoléculaire puisque l'halogénure est tertiaire et le nucléophile faible.

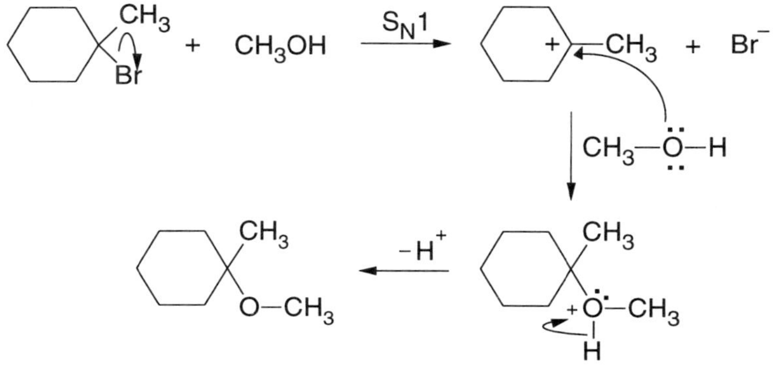

d)

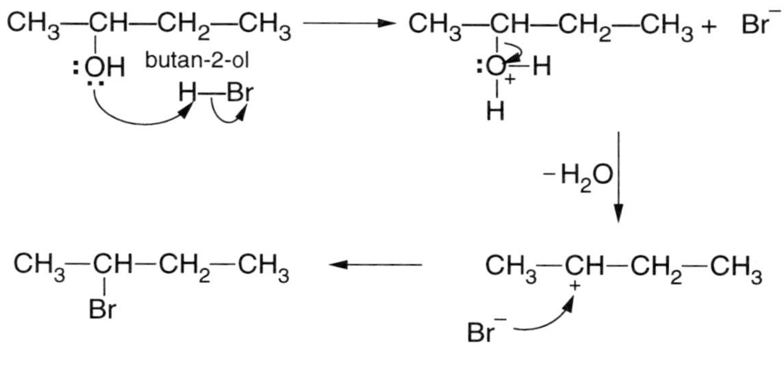

e)

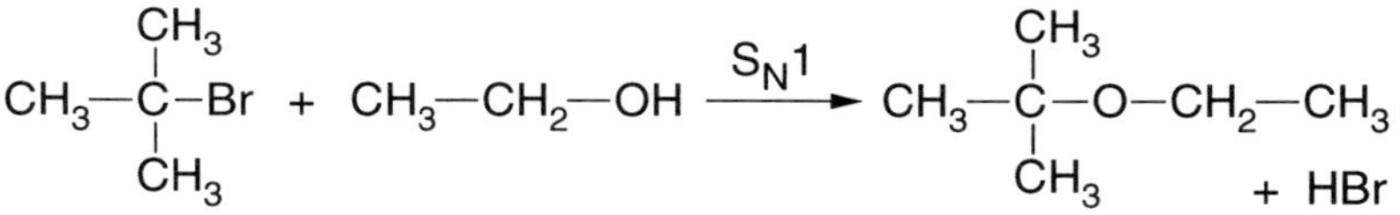

2-bromo-2-méthylpropane

f) Substitution radicalaire

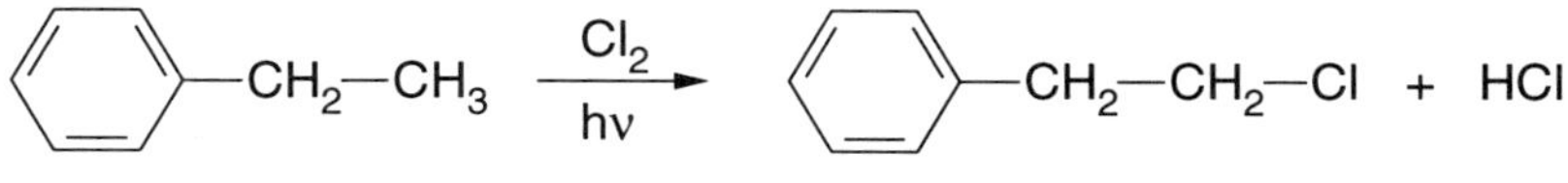

etc.

1. (suite)

g) Substitution électrophile en *ortho* et *para*

$$Cl_2 + FeCl_3 \longrightarrow Cl^+ + FeCl_4^-$$

prédominant

toluène

$$\xrightarrow{-H^+}$$

h) CH_3-CH_2-OH + $PCl_3 \longrightarrow CH_3-CH_2-Cl$
   éthanol

i) $\xrightarrow{S_N1}$ + NaCN

1-bromo-1-phényléthane

NaBr +

j) Cette réaction présente deux possibilités d'attaque:
   (Mécanisme S_N1, puisque l'halogénure est tertiaire.)

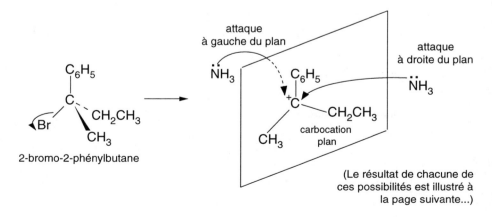

attaque
à gauche du plan

attaque
à droite du plan

C_6H_5

$\ddot{N}H_3$

$\ddot{N}H_3$

Br

CH_2CH_3

CH_3

2-bromo-2-phénylbutane

carbocation
plan

(Le résultat de chacune de
ces possibilités est illustré à
la page suivante...)

1. (suite)

j) (suite)

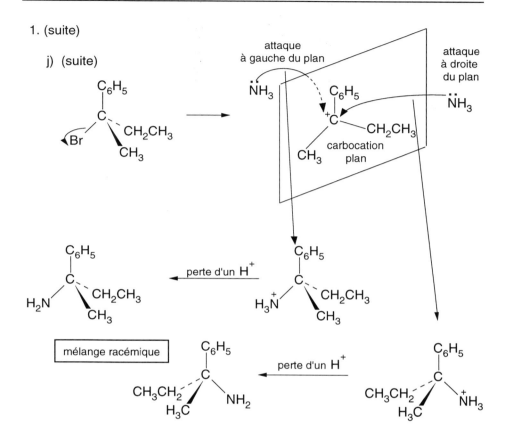

2. a) Mécanisme d'addition sur une cétone

2. (suite)

b) Mécanisme de **double** réaction sur un ester (substitution suivie d'une addition):

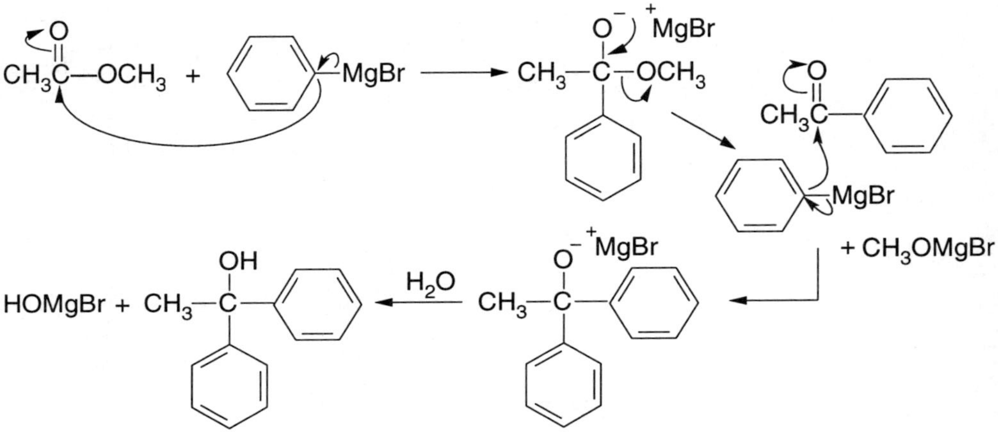

c)

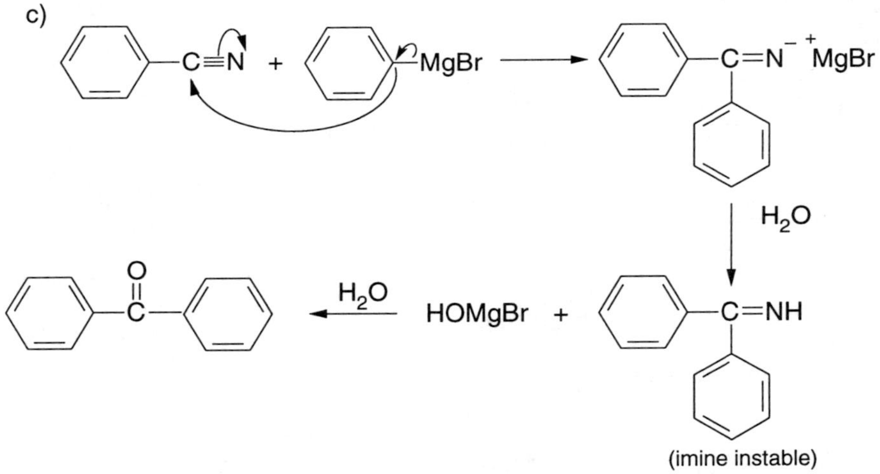

(imine instable)

d)

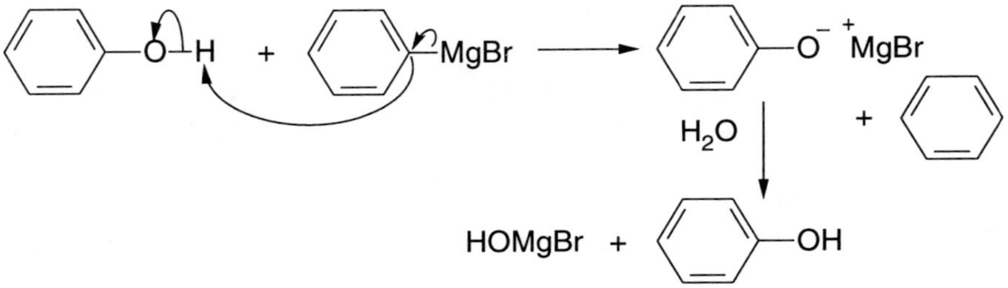

2. (suite)

e) Mécanisme de substitution nucléophile sur R—X:

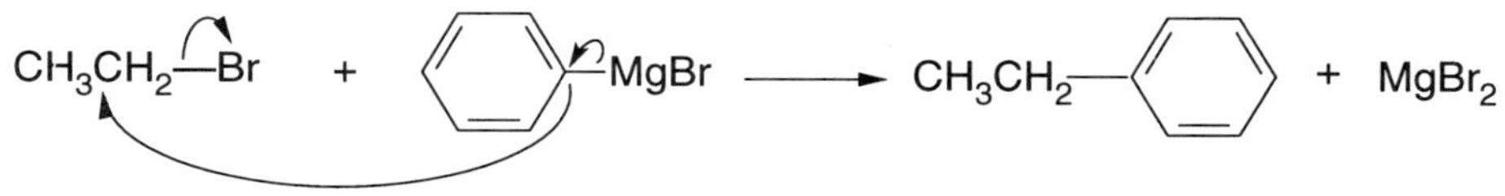

$$CH_3CH_2\text{—}Br \; + \; \langle\!\!\!\bigcirc\!\!\!\rangle\text{—}MgBr \longrightarrow CH_3CH_2\text{—}\langle\!\!\!\bigcirc\!\!\!\rangle \; + \; MgBr_2$$

f) Mécanisme de substitution nucléophile sur H—A:

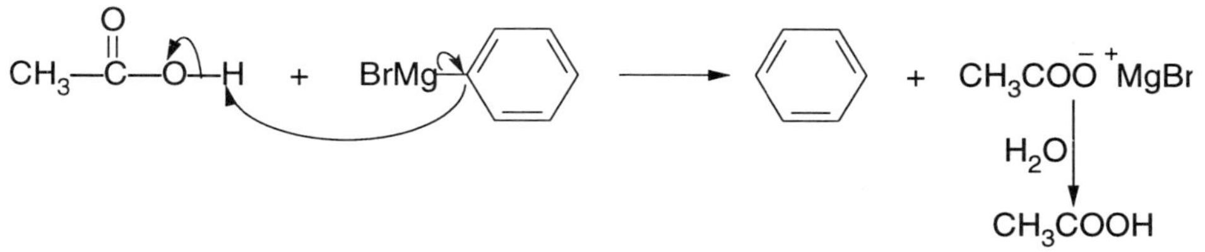

$$CH_3\text{—}\overset{\text{O}}{\underset{\;}{C}}\text{—}\overset{..}{O}\text{—}H \; + \; BrMg\text{—}\langle\!\!\!\bigcirc\!\!\!\rangle \longrightarrow \langle\!\!\!\bigcirc\!\!\!\rangle \; + \; CH_3CO\bar{O}\;{}^+MgBr$$

$$\xrightarrow{H_2O} \quad CH_3COOH$$

g) Mécanisme d'addition sur un aldéhyde:

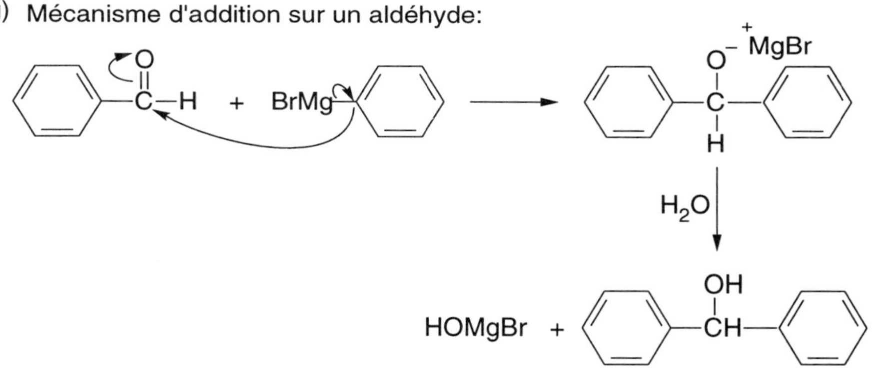

HOMgBr +

h) Mécanisme comme sur un ester, la réaction est double; substitution suivie d'une addition:

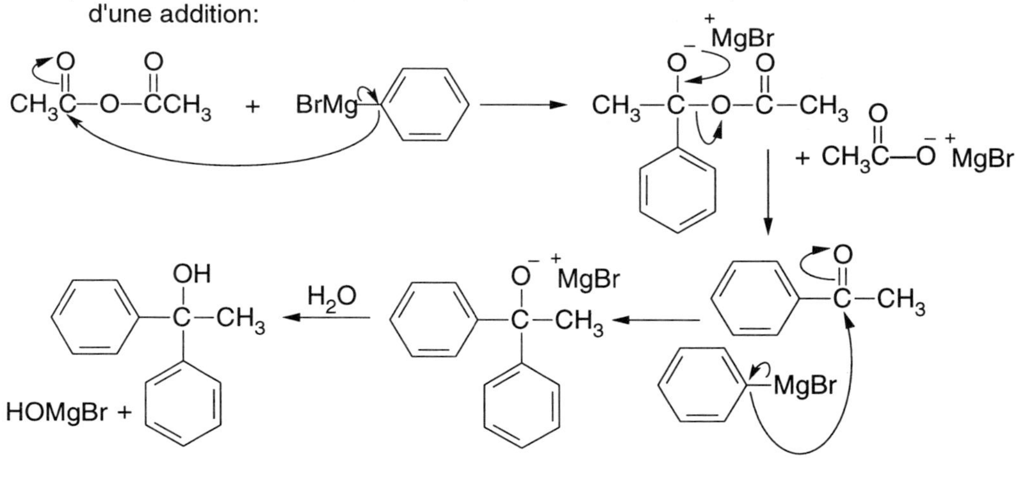

HOMgBr +

3. a)

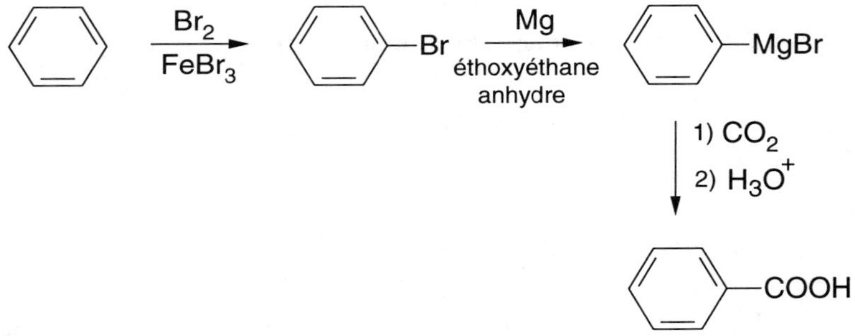

b)

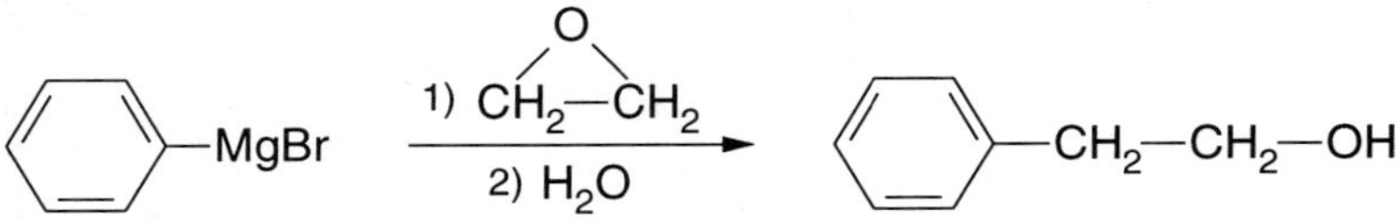

obtenu en (a)

c)

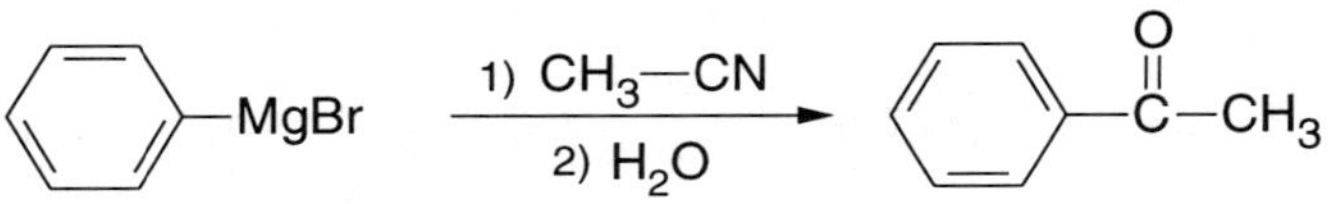

obtenu en (a)

d)

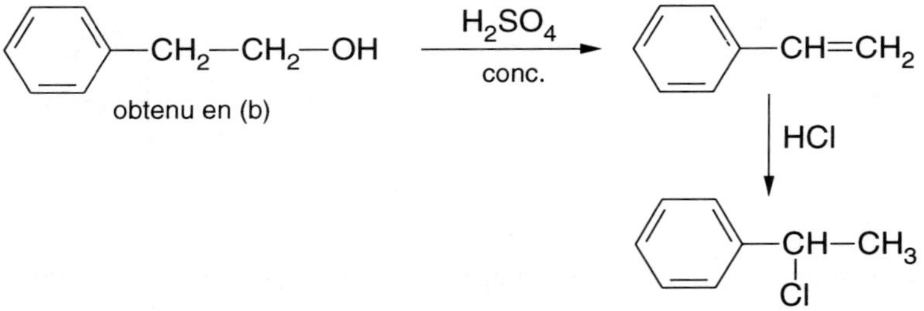

obtenu en (b)

e) $CH_3—CH_2—\overset{\overset{O}{\|}}{C}—O—CH_3$ + 2

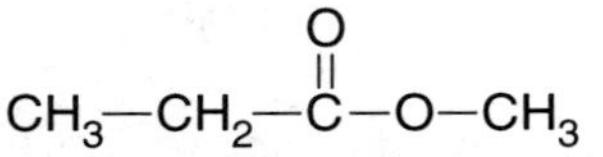

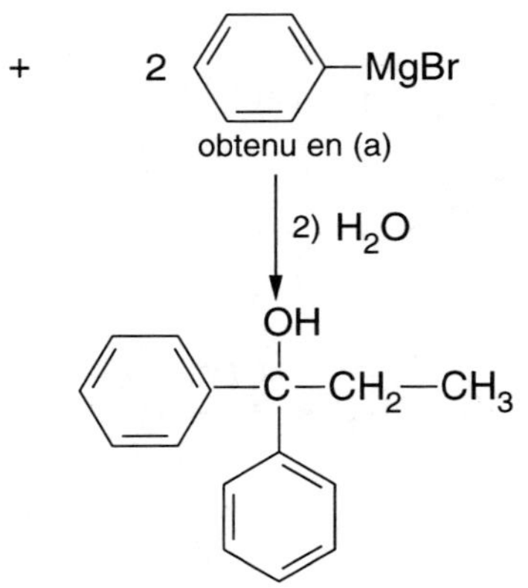

N.B. Ce substrat est choisi en fonction du produit recherché; le bromure de phénylmagnésium est dérivé du benzène.

obtenu en (a)

3. (suite)

f) ⬡—CH=CH₂ $\xrightarrow{Br_2}$ ⬡—CH—CH₂ $\xrightarrow{NaNH_2}$ ⬡—C≡CH

obtenu en (d)

(avec Br, Br sur CH—CH₂)

g) ⬡—COOH $\xrightarrow[AlCl_3]{CH_3Cl}$ ⬡—COOH (avec H₃C en méta)

obtenu en (a)

4.

CH₂—CH₂—OH sur cyclohexane — **A**

MgBr sur cyclohexane — **B**

CO₂H sur cyclohexane — **C**

CH=CH₂ sur cyclohexane — **D**

Br sur cyclohexane — **E**

CH(Br)—CH₂Br sur cyclohexane — **F**

cyclohexène — **G**

C≡CH sur cyclohexane — **H**

5.

⬡—Br — **A**

⬡—CH₂—CH₂—OH — **B**

⬡—CH₂—CH₂—Br — **C**

benzène — **D**

⬡—CH=CH₂ — **E**

⬡—CH₂—CH₂—MgBr — **F**

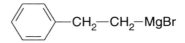

5. (suite)

G

H

I

J

K

6. $CH_3-C=CH_2$ $CH_3-C=O$ CH_3-C- ⬡ CH_3-C- ⬡
    | | | |
    CH_3 CH_3 CH_3 CH_3
                                    OH   Cl

A   B   C   D

⬡ CH_3-C-CH_3 ... (rest)

        CH_3 Br   Mg Br CH_2-CH_2OH
         | | | |
CH_3-C-⬡ CH_3-C-CH_3 CH_3-C-CH_3 CH_3-C-CH_3
         | | | |
        CH_3 CH_3 CH_3 CH_3

E   F   G   H

7. $CH_3-CH_2-CH_2-CH_3$ $CH_3-CH_2-CH_2-CH_2-Cl$

        A   B

                 Cl
                  |
$CH_3-CH_2-CH-CH_3$ $CH_3-CH_2-CH=CH_2$ CH_3-CH_2-C-H
                                                          ‖
                                                          O

        C   D   E

       O   OH   Br
       ‖ | |
$H-C-H$ $CH_3-CH_2-CH-CH_3$ $CH_3-CH_2-CH-CH_3$

    F   G   H

7. (suite)

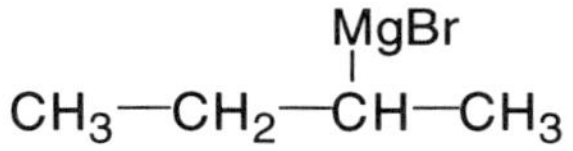

$$CH_3-CH_2-\underset{\underset{\textbf{I}}{|}}{\overset{MgBr}{CH}}-CH_3$$

J :

phényl$-\underset{\underset{\underset{\underset{\textbf{J}}{CH_3}}{|}}{\underset{CH-CH_2-CH_3}{|}}}{\overset{\overset{OH\ CH_3}{|\ \ \ |}}{C}-CH-CH_2-CH_3}$

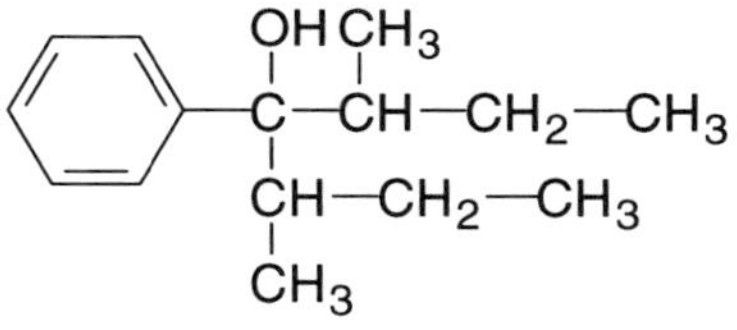

$$CH_3-CH_2-\underset{\textbf{K}}{\overset{OH}{CH}}-CH_3 \qquad \underset{\textbf{L}}{CH_3-CH=CH-CH_3} \qquad CH_3-\underset{\textbf{M}}{\overset{\overset{O}{\|}}{C}}-H$$

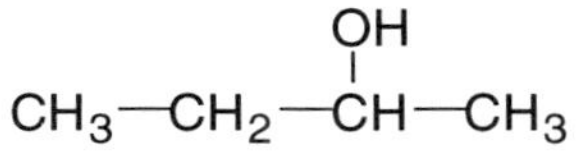

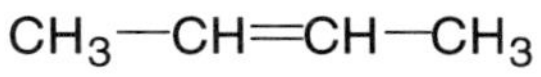

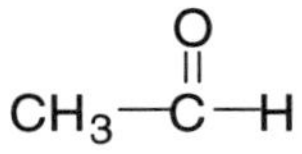

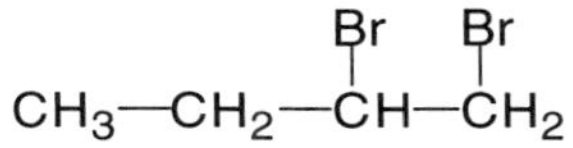

$$CH_3-CH_2-\underset{\textbf{N}}{\overset{Br}{\underset{|}{CH}}-\overset{Br}{\underset{|}{CH_2}}} \qquad \underset{\textbf{O}}{CH_3-CH_2-C\equiv CH} \qquad \underset{\textbf{P}}{\bigcirc}$$

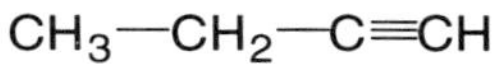

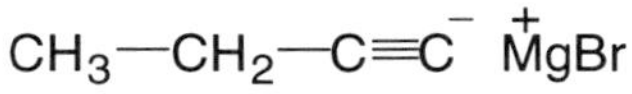

$$CH_3-CH_2-\underset{\textbf{Q}}{C\equiv C^-\ \overset{+}{M}gBr} \qquad \underset{\textbf{R}}{\bigcirc-Br} \qquad \underset{\textbf{S}}{\bigcirc-MgBr}$$

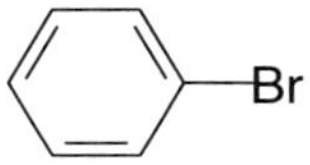

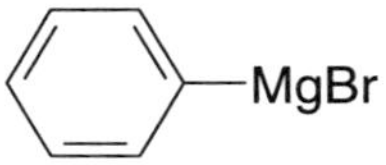

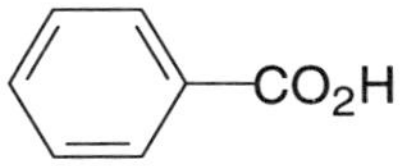

$$\underset{\textbf{T}}{\bigcirc-CO_2H}$$

———— ✳ ————

LES COMPOSÉS OXYGÉNÉS SATURÉS

8

ALCOOLS et ÉTHERS

8.1 Généralités

1.
a)

b) alcools   éthers

c) éthanol   éthoxyéthane
ou alcool éthylique   ou oxyde de diéthyle

d) L'éthanol, à cause de la possibilité de formation d'un plus grand nombre de liaisons hydrogène.

2. a) Éthylèneglycol. Ce liquide sert comme antigel dans les radiateurs des moteurs à combustion interne. Sa présence en concentration importante dans l'eau de refroidissement abaisse la température de congélation de l'eau en hiver et en élève la température d'ébullition en été.

   b) Glycérol. Il s'agit d'une seule et même molécule. Liquide visqueux et légèrement sucré; se vend en pharmacie ou à l'épicerie et peut se retrouver comme ingrédient mineur dans des aliments transformés, dans des cosmétiques ou des médicaments. La glycérine (ou glycérol) sert de substrat lors de la fabrication de la trinitroglycérine, un explosif.

3. Sous forme de gaz puisque sa température d'ébullition est de 34,5 °C. La température normale du corps est de 37,2 °C. Les liaisons qui retiennent les molécules d'éther entre elles sont donc très faibles.

4. Le méthane bout à -164 °C et le méthanol à 65,1 °C à la pression normale de 101,3 kPa.

a) La différence entre la taille de ces deux molécules n'est pas suffisante pour justifier un écart de 229,1 °C. Seule la présence, entre les molécules de méthanol, de liaisons hydrogène peut expliquer ce phénomène.

b) La différence dans les températures d'ébullition est de 167,1 °C. L'écart pour ces deux molécules est moins grand qu'en (a) en raison de l'effet de la taille ou grosseur des molécules. Les liaisons de type London augmentent et ceci a comme conséquence d'élever les deux températures d'ébullition tout en réduisant l'écart entre les deux par comparaison à l'écart entre les températures correspondantes pour le méthane et le méthanol.

c) Entre l'eau et le méthanol, on n'observe qu'une différence de 35 °C. Mais, si on considère la faible masse de la molécule d'eau (18,015 g/mol), cette différence est étonnante. La possibilité pour l'eau de pouvoir établir jusqu'à quatre liaisons hydrogène par molécule justifie raisonnablement la valeur observée de 100 °C.

d) La différence ici n'est que de 13,4 °C. Ces deux molécules se ressemblent passablement. Les deux peuvent établir des liaisons hydrogène entre molécules identiques. Mais leur grosseur est différente (interactions de London).

5. Oui, mais faiblement. Suffisamment cependant pour expliquer une faible solubilité.

6. Un certain nombre de liaisons hydrogène s'établissent entre molécules d'eau et d'éthoxyéthane.

7. a) b)

Le méthanol est plus soluble que l'éther dans l'eau en partie à cause du pont hydrogène entre l'eau et **l'hydrogène** de sa fonction alcool.

*Ce pont hydrogène n'existe pas dans l'éthoxyéthane.

8. a) propane-1,2-diol

   b) *p* -hydroquinone ou 1,4-dihydroxybenzène ou *p* -dihydroxybenzène

   c) 4-méthylpent-2-én-1-ol

   d) 2,2-diméthoxypropane

   e) isopropoxycyclohexane ou oxyde de cyclohexyle et d'isopropyle

   f) acide 2-chloro-4-méthoxybenzoïque.

Synthèse des alcools et des éthers

8.2 Par réaction de substitution nucléophile

1.

   a) $\boxed{CH_3-Cl}$ + $CH_3\overset{-}{O}$ $\overset{+}{Na}$ $\longrightarrow$ CH_3-O-CH_3 + NaCl

   b) $\boxed{CH_3-\underset{\underset{Cl}{|}}{\overset{\overset{CH_3}{|}}{C}}-CH_2-CH_3}$ + H_2O $\longrightarrow$ $CH_3-\underset{\underset{OH}{|}}{\overset{\overset{CH_3}{|}}{C}}-CH_2-CH_3$ + $H_3\overset{+}{O}$ + Cl^-

   c) $\boxed{CH_3-\underset{\underset{Cl}{|}}{\overset{\overset{CH_3}{|}}{C}}-CH_2-CH_2-CH_3}$ $\xrightarrow{CH_3-OH}$ $CH_3-\underset{\underset{OCH_3}{|}}{\overset{\overset{CH_3}{|}}{C}}-CH_2-CH_2-CH_3$ + $H_3\overset{+}{O}$ + Cl^-

   d) $\boxed{CH_3-CH_2-CH_2-CH_2-CH_2-CH_2-Cl}$ $\xrightarrow{NaOH}$

   NaCl + $CH_3-CH_2-CH_2-CH_2-CH_2-CH_2-OH$

2.　CH_3-CH_2-Br + $CH_3-\underset{\underset{CH_3}{|}}{\overset{-}{C}}H\overset{-}{O}$ $\overset{+}{Na}$ $\longrightarrow$ $CH_3-CH_2-O-\underset{\underset{CH_3}{|}}{C}H-CH_3$ + NaBr

3.　$CH_3-CH_2-CH_2-Cl$ + $R\overset{-}{O}$ $\overset{+}{Na}$ $\longrightarrow$ $CH_3-CH_2-CH_2-O-R$

　　　halogénure 1°　　　　　　　　　　　　　　un éther

4.

a) —CH$_2$—Cl $\xrightarrow{\text{KOH}}$ —CH$_2$—OH + KCl

chlorure de benzyle

b)
$$CH_3-\underset{\underset{Br}{|}}{\overset{\overset{CH_3}{|}}{C}}-CH_3 \xrightarrow{\text{H}_2\text{O}} CH_3-\underset{\underset{OH}{|}}{\overset{\overset{CH_3}{|}}{C}}-CH_3 + H_3O^+ + Br^-$$

2-bromo-2-méthylpropane

c) CH$_3$—CH$_2$—CH$_2$—CH$_2$—CH$_2$—Cl $\xrightarrow{\text{NaOH}}$

1-chloropentane

NaCl + CH$_3$—CH$_2$—CH$_2$—CH$_2$—CH$_2$—OH

5.

a) $\overset{\overset{\displaystyle O}{\|}}{C}$—O—CH$_2$—CH$_3$ $\xrightarrow[\text{H}^+]{\text{H}_2\text{O}}$ $\overset{\overset{\displaystyle O}{\|}}{C}$—OH

benzoate d'éthyle

+ CH$_3$—CH$_2$—OH

éthanol

b) CH$_3$—$\overset{\overset{\displaystyle O}{\|}}{C}$—O—CH$_2$— $\xrightarrow[\text{saponification}]{\text{NaOH}}$ CH$_3$—$\overset{\overset{\displaystyle O}{\|}}{C}$—O$^-Na^+$

acétate de benzyle

+ —CH$_2$—OH

alcool benzylique

6. CH$_3$—$\overset{\overset{\displaystyle O}{\|}}{C}$—O—CH$_2$— $\xrightarrow[\text{2) H}^+]{\text{1) saponification}}$ CH$_3$—$\overset{\overset{\displaystyle O}{\|}}{C}$—OH

+ —CH$_2$—OH

En effet,

CH$_3$—$\overset{\overset{\displaystyle O}{\|}}{C}$—O$^-Na^+$ $\xrightarrow[\text{+ HCl}]{\text{deviendrait}}$ CH$_3$—$\overset{\overset{\displaystyle O}{\|}}{C}$—OH + NaCl

l'ion acétate   acide acétique

8.3 Par réaction d'addition

---

1. Tableau des réactions d'addition conduisant aux alcools.

Substrat	Réactif	Alcool produit
alcène	eau acidulée	1°, 2° ou 3°
aldéhyde ou cétone	de Grignard	2° ou 3° avec un nombre de C plus élevé que la substance carbonylée de départ
ester chlorure d'acide anhydride	de Grignard	3° exclusivement
oxyde d'éthylène	de Grignard	1° exclusivement
aldéhyde ou cétone	un réducteur $LiAlH_4$	1° à partir d'un aldéhyde 2° à partir d'une cétone
ester	$LiAlH_4$	deux alcools à séparer (facile si alcools très différents)
ester	$NaBH_4$	résiste à la réduction

2. a)
$$CH_3-CH=CH-CH_3 \xrightarrow[H^+]{H_2O} CH_3-\overset{\overset{\displaystyle OH}{|}}{C}H-CH_2-CH_3$$
but-2-ène

b)
$$CH_3-\overset{\overset{\displaystyle CH_3}{|}}{C}=CH-CH_3 \xrightarrow[H^+]{H_2O} CH_3-\overset{\overset{\displaystyle CH_3}{|}}{\underset{\underset{\displaystyle OH}{|}}{C}}-CH_2-CH_3$$
2-méthylbut-2-ène

c)
$$CH_3-\overset{\overset{\displaystyle CH_3}{|}}{C}=\overset{\underset{\underset{\displaystyle CH_3}{|}}{}}{C}-CH_3 \xrightarrow[H^+]{H_2O} CH_3-\overset{\overset{\displaystyle CH_3}{|}}{\underset{\underset{\displaystyle OH}{|}}{C}}-\overset{}{\underset{\underset{\displaystyle CH_3}{}}{C}H}-CH_3$$
2,3-diméthylbut-2-ène

d)
1-méthylcyclohex-1-ène

3.
$$CH_3-\overset{\overset{\displaystyle O}{\|}}{C}-CH_3 \quad \xrightarrow[\text{2) } H_2O]{CH_3\ MgBr} \quad CH_3-\overset{\overset{\displaystyle OH}{|}}{\underset{\underset{\displaystyle CH_3}{|}}{C}}-CH_3$$

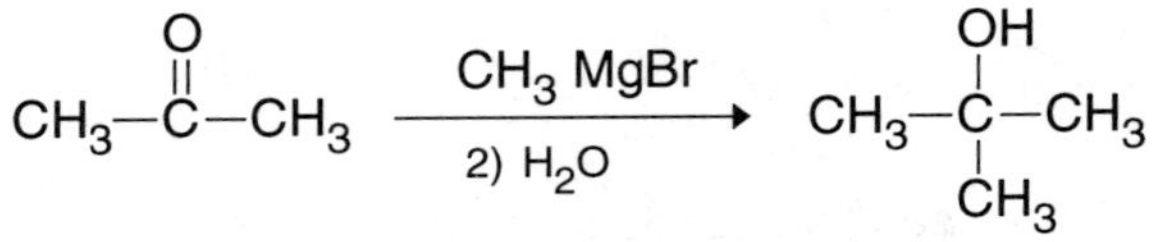

4. a)
$$CH_3-\overset{\overset{\displaystyle O}{\|}}{C}-CH_2-CH_3 \quad \xrightarrow[\text{2) } H_2O]{Et\ MgBr} \quad CH_3-\overset{\overset{\displaystyle OH}{|}}{\underset{\underset{\displaystyle CH_2-CH_3}{|}}{C}}-CH_2-CH_3$$

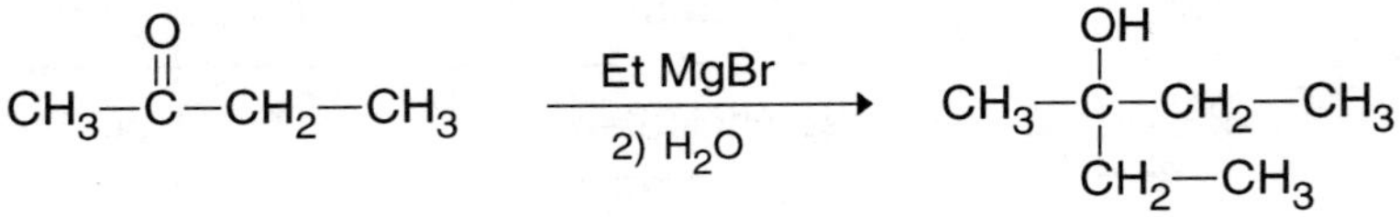

b)

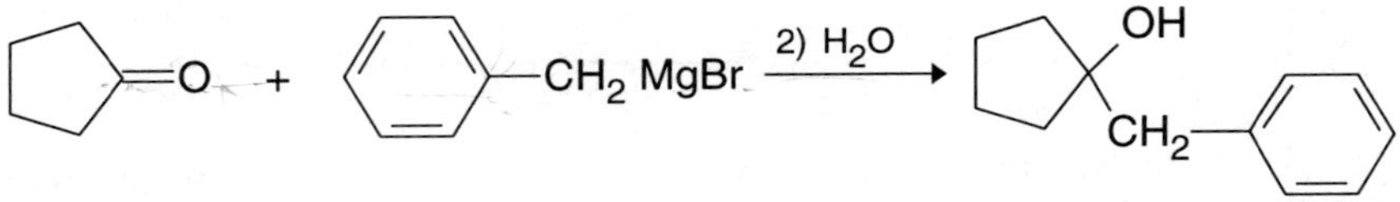

c)
$$CH_3-\overset{\overset{\displaystyle O}{\|}}{C}-CH_3 \quad + \quad CH_3-CH_2-CH_2-MgBr$$

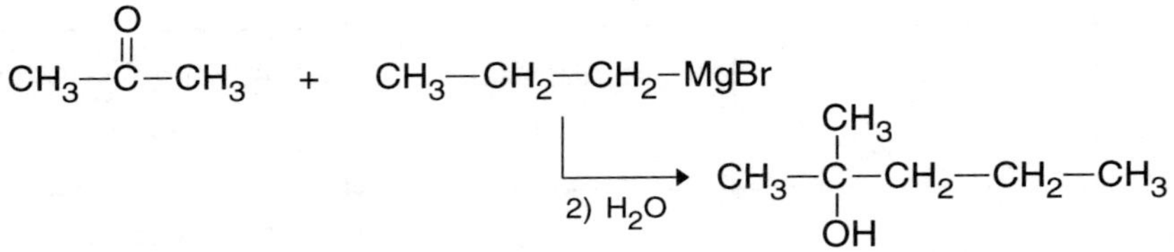

d)

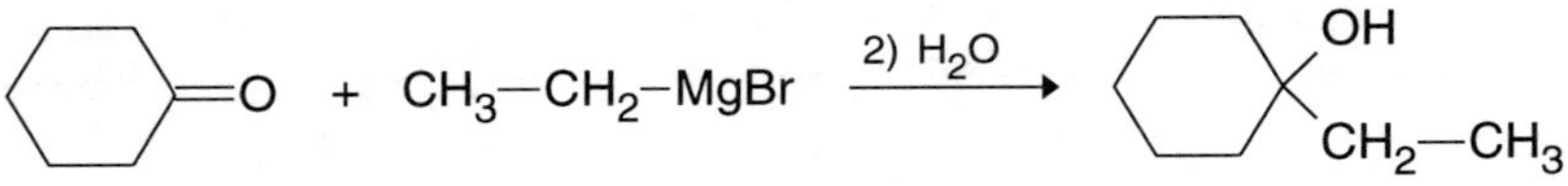

e)

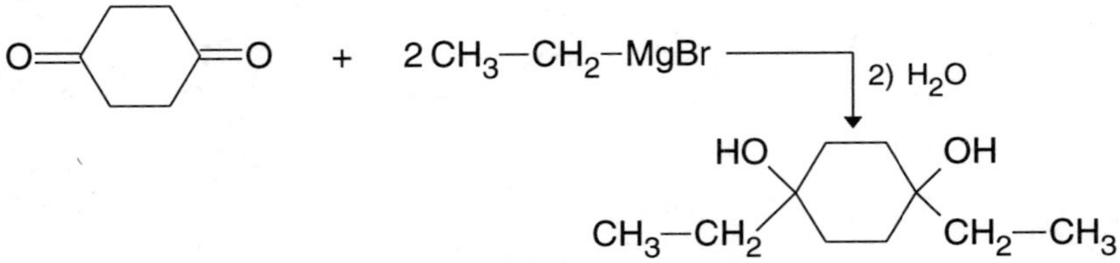

5. a) O=⬡=O　+　LiAlH$_4$　⟶　HO—⬡—OH

b) C$_6$H$_5$—C(=O)—H　+　NaBH$_4$　⟶　C$_6$H$_5$—CH$_2$—OH

c) CH$_3$—C(=O)—CH(CH$_3$)—CH$_2$—CH$_3$　$\xrightarrow{\text{LiAlH}_4}$　CH$_3$—C(OH)(H)—CH(CH$_3$)—CH$_2$—CH$_3$

d) CH$_3$—[CH$_2$]$_4$—C(=O)—H　$\xrightarrow{\text{LiAlH}_4}$　CH$_3$—[CH$_2$]$_4$—CH$_2$—OH

e) cyclohexyl—C(=O)—cyclohexyl　$\xrightarrow{\text{LiAlH}_4}$　cyclohexyl—C(OH)(H)—cyclohexyl

f) CH$_3$—CH$_2$—C(=O)—O—CH$_2$—CH$_3$　$\xrightarrow{\text{LiAlH}_4}$　CH$_3$—CH$_2$—CH$_2$—OH　+　CH$_3$—CH$_2$—OH

6. a) CH$_3$—CH(OH)—[CH$_2$]$_5$—CH$_3$　et　CH$_3$—CH$_2$—CH(OH)—[CH$_2$]$_4$—CH$_3$

b) C$_6$H$_5$—CH(CH$_3$)—CH$_2$—OH

c) cyclopentyl(—CH$_2$—CH$_3$)(—OH)

8.4 Synthèse des phénols

1. En industrie, le phénol est souvent préparé par l'oxydation du cumène.

2.

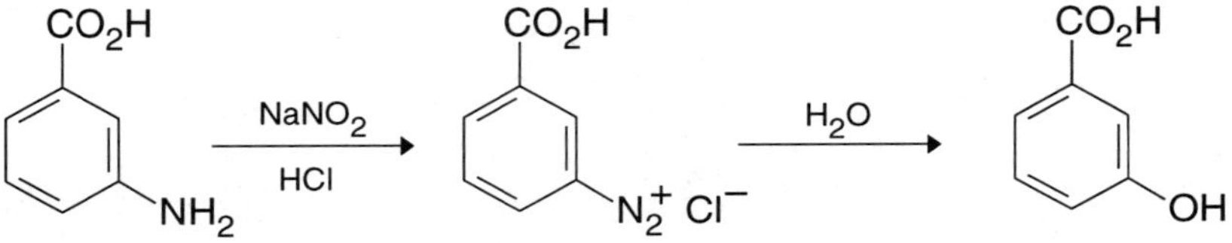

3.

a)

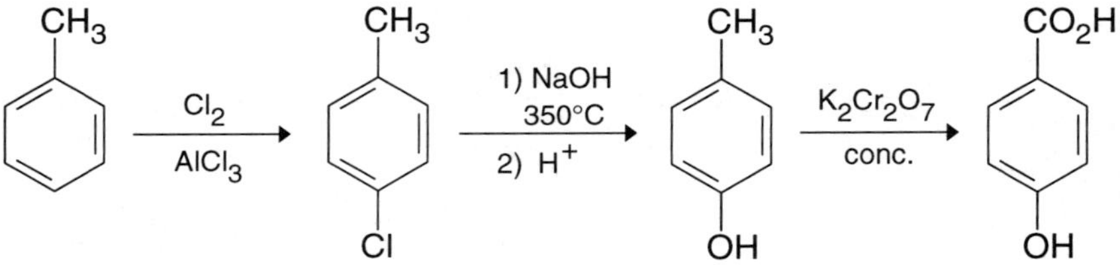

b)

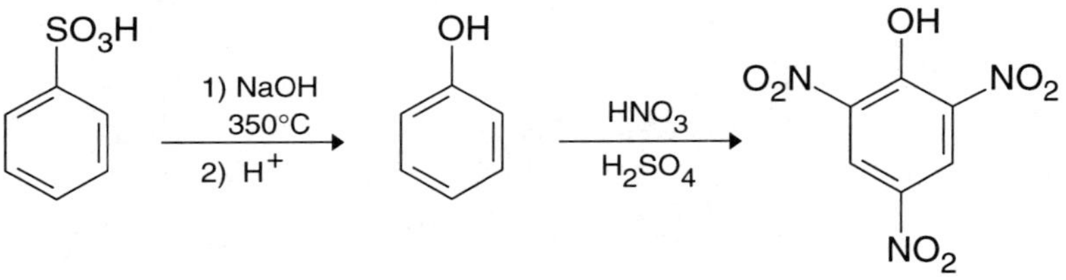

(ce composé s'appelle aussi acide picrique)

c)

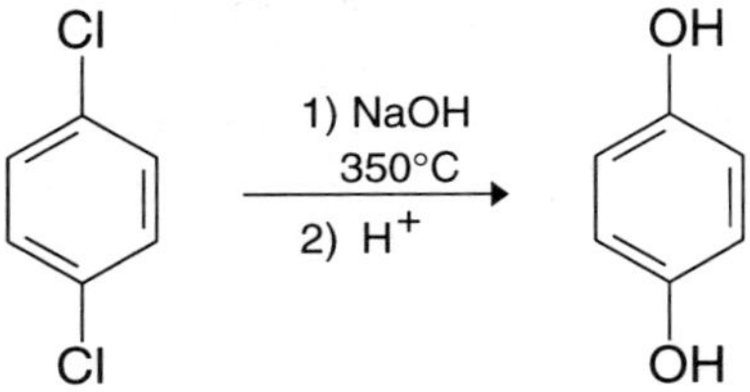

8.5 Synthèse d'autres composés oxygénés importants

1. Parce qu'une partie des molécules d'éthanol subissent une déshydratation selon un mécanisme E2, cet alcool étant primaire:

2. a) Combustible à fondue; on l'utilise aussi comme liquide antigel dans les lave-glaces; on en trouve également dans certains décapants à peinture.

   b) Mis à part l'éthanol que l'on retrouve dans la bière et dans le vin, on retrouve de l'éthanol dans des extraits d'essences végétales (ex. vanille), comme agent désinfectant dans les laboratoires, comme solvant et comme ingrédient dans certains médicaments ou produits vendus en pharmacie.

Réactivité des alcools et des éthers

8.6 Rupture de la liaison O—H

1. a) CH_3-CH_2-O-H $\xrightarrow{\text{NaOH}}$ aucune réaction

   b) CH_3-CH_2-O-H $\xrightarrow{\text{Na}}$ $CH_3-CH_2-O^-\,Na^+$ + 1/2 H_2

   c) $-CH_2-OH$ $\xrightarrow{\text{NaOH}}$ aucune réaction

   d) $-OH$ $\xrightarrow{\text{Na}}$ $-O^-\,Na^+$ + 1/2 H_2

2. a)   Le phénol est environ 10^6 fois plus acide que le méthanol.

   b)   Le phénol est environ 10^5 fois moins acide que l'acide acétique.

3. L'ion phénolate est stabilisé par résonance tel qu'indiqué à la section 8.6, tandis que l'ion éthanolate ne l'est pas.

4. Le b est plus facile à former parce que le potassium est un meilleur réducteur. Le plus difficile à former est a. Dans les trois cas on obtient le même ion alcoolate *tert* -butanolate.

5.

a) C_6H_5—OH + CH$_3$—CH$_2$—MgBr $\longrightarrow$ CH$_3$—CH$_3$ + C_6H_5—O$^-$ $\overset{+}{M}$gBr

    éthane

b) CH$_3$—CH$_2$—$\overset{\overset{O}{\|}}{C}$—OH   +   CH$_3$—CH$_2$—OH $\xrightarrow{\text{H}_2\text{SO}_4 \text{ conc.}}$

    H$_2$O   +   CH$_3$—CH$_2$—$\overset{\overset{O}{\|}}{C}$—O—CH$_2$—CH$_3$

    un ester

c) CH$_3$—CH—CH$_2$ $\xrightarrow{2 \text{ Na}}$ CH$_3$—CH—CH$_2$ $\xrightarrow{2 \text{ CH}_3\text{Br}}$ CH$_3$—CH—CH$_2$
   $\quad\quad$ $\underset{OH}{|}$ $\underset{OH}{|}$ $\quad\quad\quad\quad$ $\underset{O^- Na^+}{|}$ $\underset{O^- Na^+}{|}$ $\quad\quad\quad\quad$ $\underset{OCH_3}{|}$ $\underset{OCH_3}{|}$

   propane-1,2-diol $\quad\quad\quad\quad\quad\quad$ **A** $\quad\quad\quad\quad\quad\quad\quad$ + 2 NaBr

---

8.7 Rupture de la liaison C—O

---

1. a) CH$_3$—CH—O—CH$_2$—CH$_2$—CH$_3$ $\xrightarrow{2 \text{ HBr}}$ CH$_3$—CH—Br   +
   $\quad\quad\quad$ $\underset{CH_3}{|}$ $\quad\quad\quad\quad\quad\quad\quad\quad\quad\quad\quad\quad$ $\underset{CH_3}{|}$ CH$_3$—CH$_2$—CH$_2$—Br

   1-isopropoxypropane

b) CH$_3$—CH—O—C_6H_5 $\xrightarrow{\text{HI}}$ CH$_3$—CH—I   + C_6H_5—OH
   $\quad\quad\;$ $\underset{CH_3}{|}$ $\quad\quad\quad\quad\quad\quad\quad$ $\underset{CH_3}{|}$

   isopropoxybenzène

c) CH$_3$—$\overset{\overset{CH_3}{|}}{\underset{\underset{OH}{|}}{C}}$—CH$_3$ $\xrightarrow{\text{HCl}}$ CH$_3$—$\overset{\overset{CH_3}{|}}{\underset{\underset{Cl}{|}}{C}}$—CH$_3$

   2-méthylpropan-2-ol

2. a)

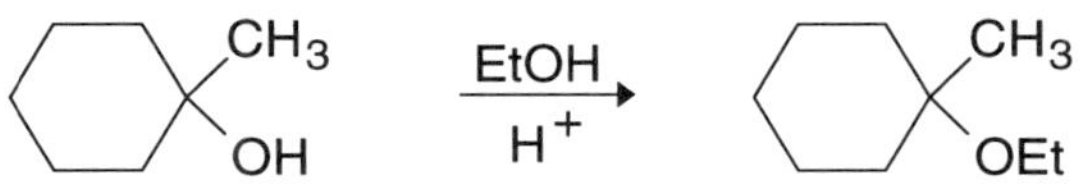

1-méthylcyclohexanol

b)

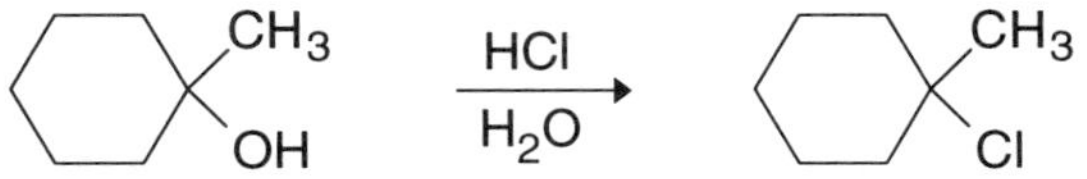

3. $CH_3-CH_2-O-CH_2-CH_3 \xrightarrow{HI} CH_3-CH_2-OH + CH_3-CH_2-I$

$\downarrow HI$

CH_3-CH_2-I

4. a) L'éprouvette 1 contient l'alcool primaire éthanol; il ne s'est pas formé de chloroéthane.

   b) L'éprouvette 2 contient l'alcool tertiaire, le 2-méthylbutan-2-ol; il a bien réagi parce qu'il peut former un carbocation stable conduisant au 2-chloro-2-méthylbutane, insoluble dans le milieu réactionnel.

   c) L'éprouvette 3 contient l'alcool secondaire, le propan-2-ol; réaction partielle (parce que lente) pour former un peu de 2-chloropropane, insoluble dans le milieu réactionnel.

5. a)

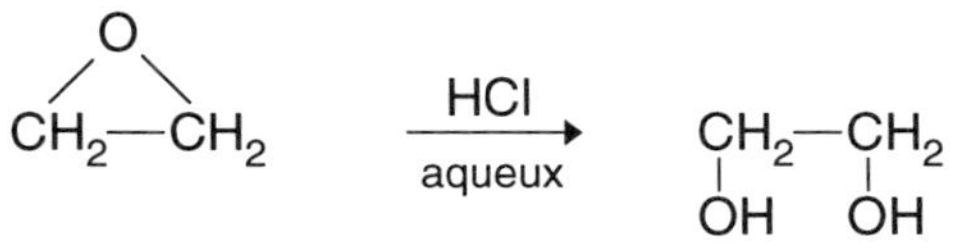

   b)

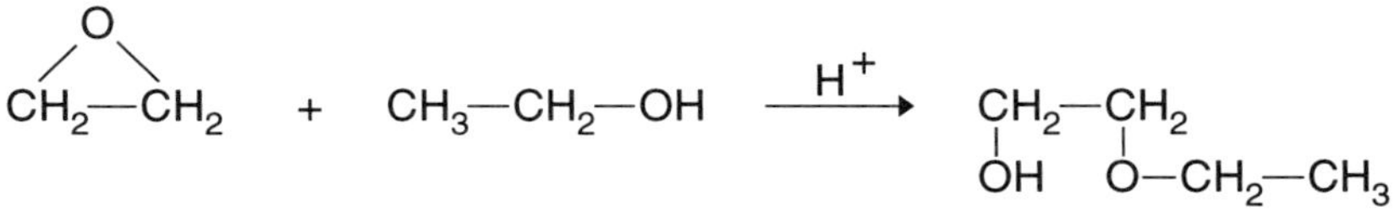

8.8 Réactions d'oxydation des alcools

1. a)  $CH_3-CH_2-OH \xrightarrow{KMnO_4} CH_3-\overset{\overset{O}{\|}}{C}-OH$

   b) $CH_3-\underset{\underset{OH}{|}}{CH}-CH_3 \xrightarrow{K_2Cr_2O_7} CH_3-\overset{\overset{O}{\|}}{C}-CH_3$

   c) $\xrightarrow{H_2CrO_4}$

   d) 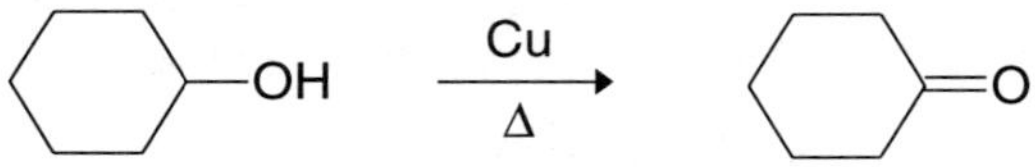 $\xrightarrow[\Delta]{Cu}$

2. $CH_3-\underset{\underset{CH_3}{|}}{CH}-O-\underset{\underset{CH_3}{|}}{CH}-CH_3 \xrightarrow[H_2O]{2\ HI} 2\ CH_3-\underset{\underset{CH_3}{|}}{CH}-I$

   2-isopropoxypropane

   $\xrightarrow{NaOH\ |\ dilué}$

   $2\ CH_3-\overset{\overset{O}{\|}}{C}-CH_3 \xleftarrow{[O]} 2\ CH_3-\underset{\underset{CH_3}{|}}{CH}-OH$

   acétone

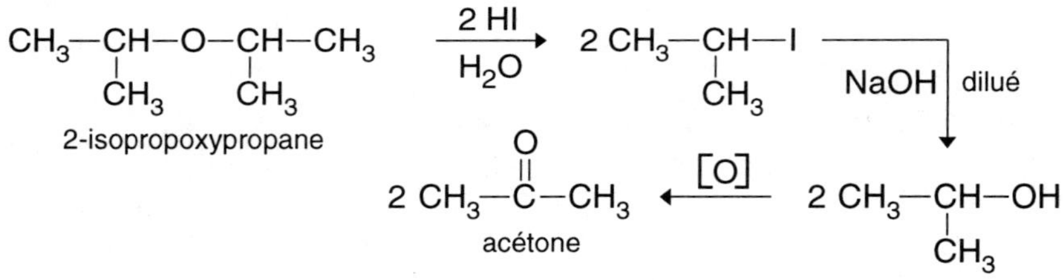

3. a) 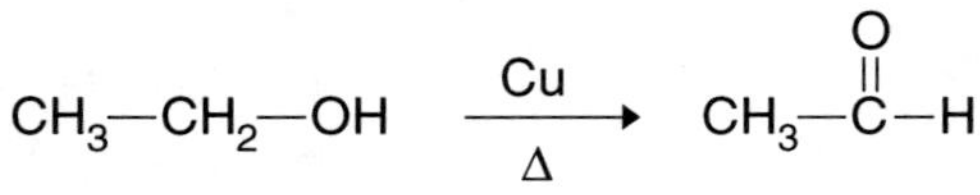 $CH_3-CH_2-OH \xrightarrow[\Delta]{Cu} CH_3-\overset{\overset{O}{\|}}{C}-H$

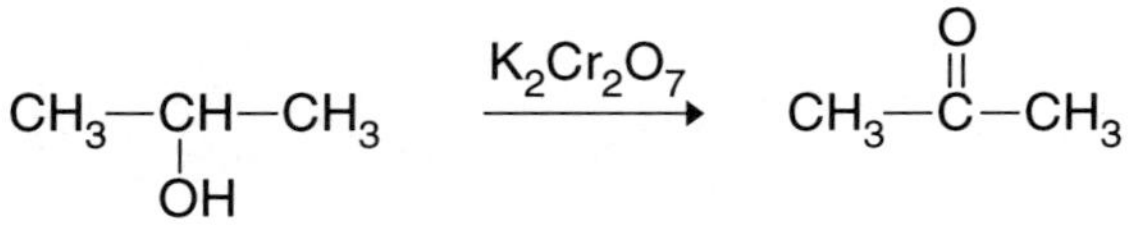

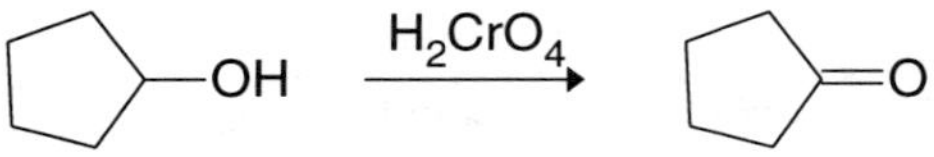

   b) 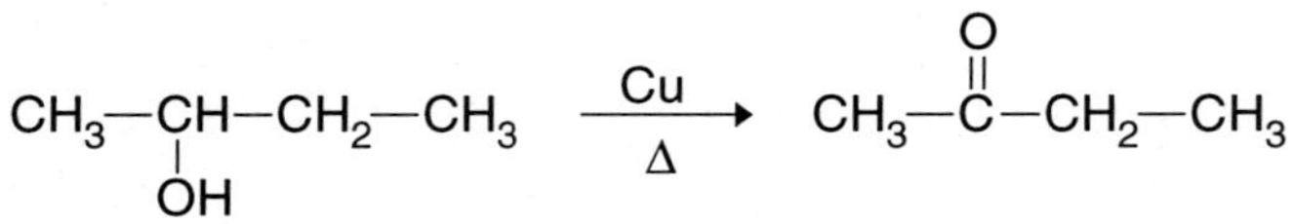 $CH_3-\underset{\underset{OH}{|}}{CH}-CH_2-CH_3 \xrightarrow[\Delta]{Cu} CH_3-\overset{\overset{O}{\|}}{C}-CH_2-CH_3$

Exercices complémentaires

1. a)

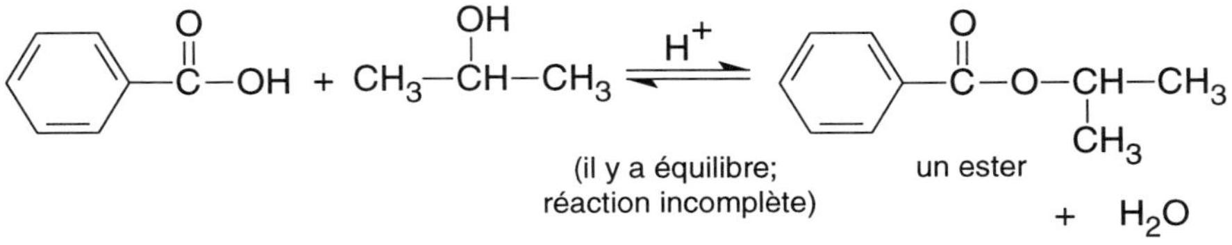

(il y a équilibre;
réaction incomplète)   un ester

$+ \quad H_2O$

b) $CH_3-CH_2-CH_2-CH_2-OH \quad + \quad NaOH \quad \longrightarrow \quad$ aucune réaction

c)

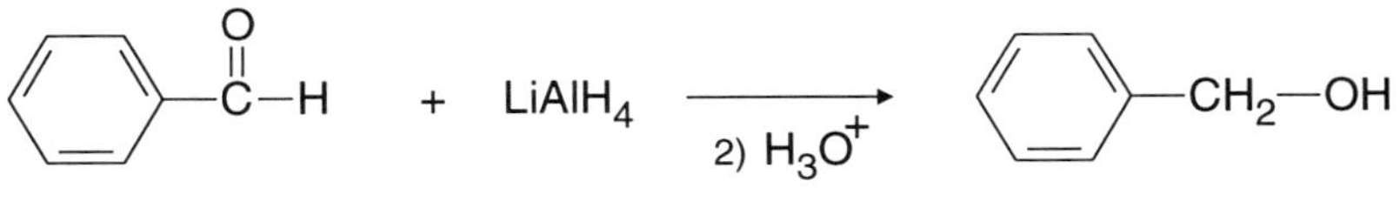

d)

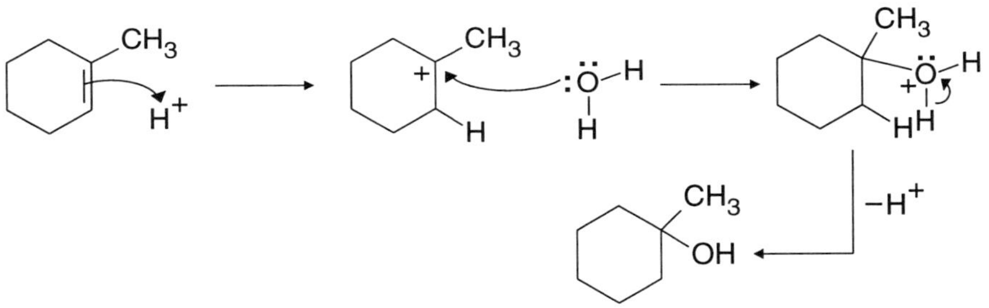

e) $CH_3-CH_2-CH_2-OH \xrightarrow[300\ ^\circ C]{Cu} CH_3-CH_2-\overset{O}{\overset{\|}{C}}-H$

f)

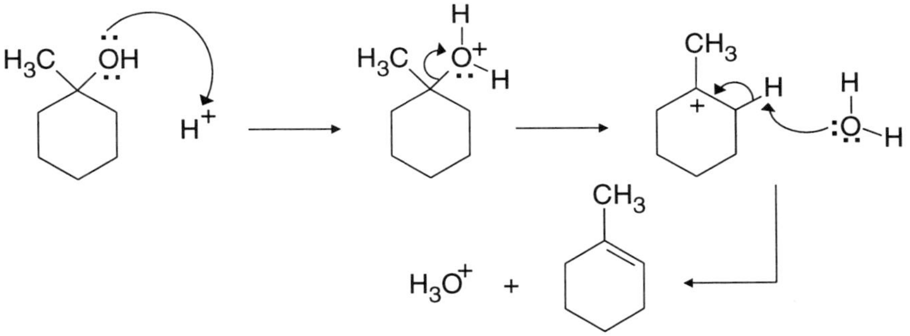

1. (suite)

g)
$$CH_3-\underset{\underset{OH}{|}}{CH}-CH_3 \xrightarrow{KMnO_4} CH_3-\underset{\underset{\|}{O}}{C}-CH_3$$

h)
$$CH_3-OH \xrightarrow{Na} CH_3-O^-Na^+ \quad + \quad 1/2 \ H_2$$

i) S_N1, puisque l'halogénure de départ est tertiaire.

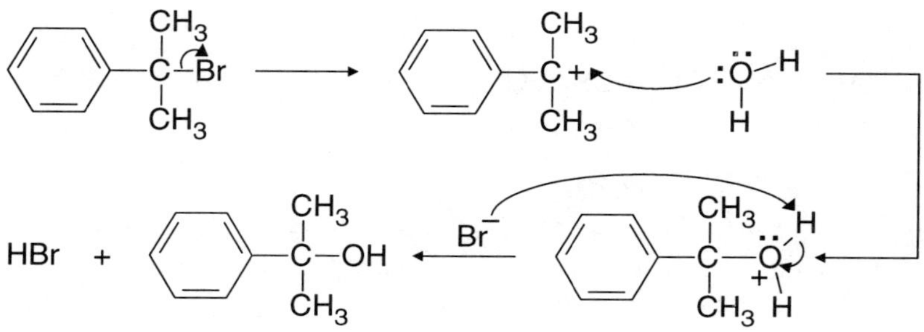

j)

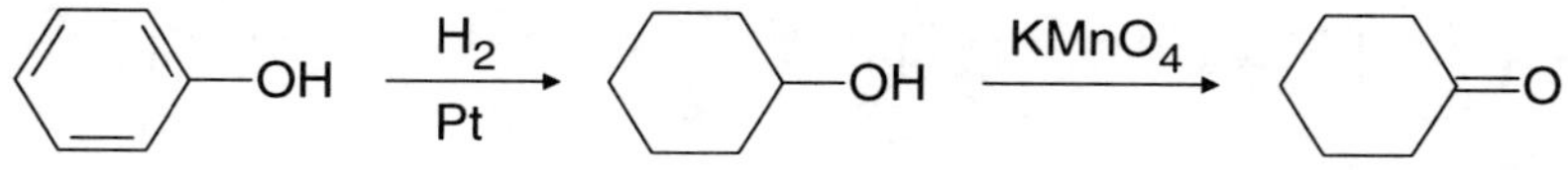

k)

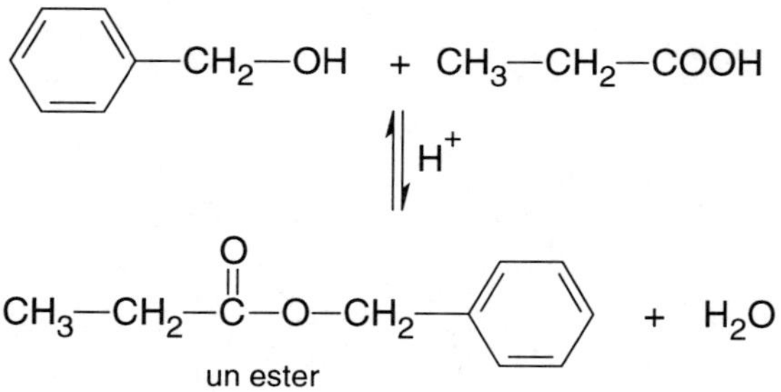

un ester

l)

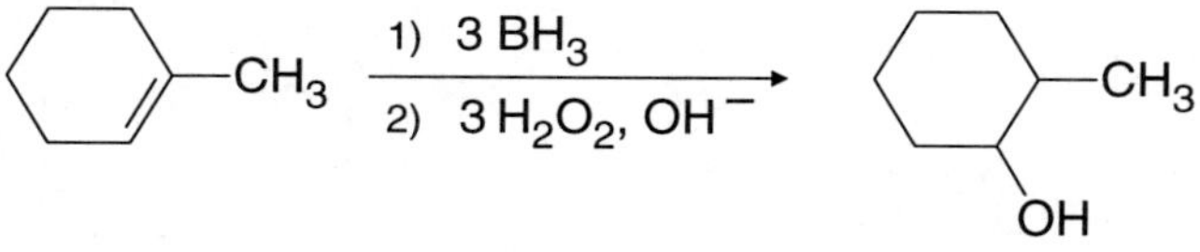

1. (suite)

m) 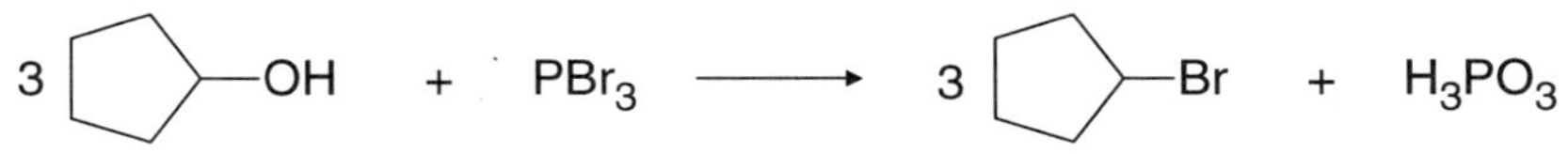 3 ⬠—OH $+$ PBr_3 ⟶ 3 ⬠—Br $+$ H_3PO_3

n) CH_3—$[CH_2]_6$—CH_2—OH $\xrightarrow[ZnCl_2]{HCl}$ CH_3—$[CH_2]_6$—CH_2—Cl

réaction très lente

o) 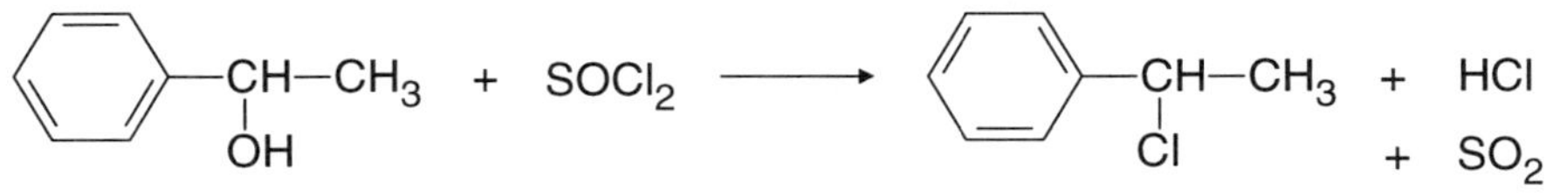 ⬡—CH—CH$_3$ $+$ $SOCl_2$ ⟶ ⬡—CH—CH$_3$ $+$ HCl
　　　|　　　　　　　　　　　　　　　　　　|　　　 $+$ SO_2
　　　OH　　　　　　　　　　　　　　　　Cl

2. a) 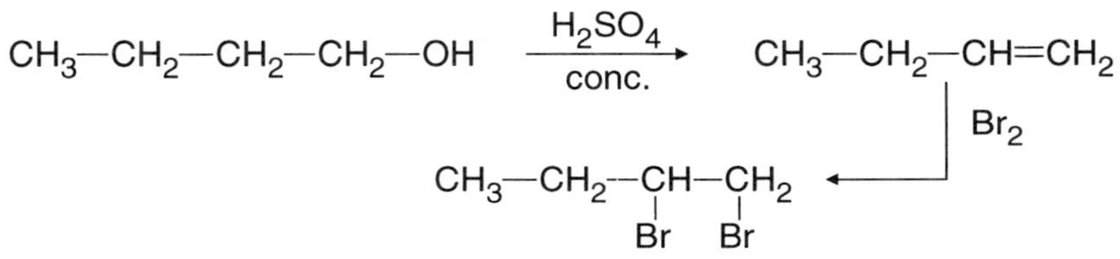 CH_3—CH_2—CH_2—CH_2—OH $\xrightarrow[conc.]{H_2SO_4}$ CH_3—CH_2—CH$=$CH$_2$

$\downarrow$ Br_2

CH_3—CH_2—CH—CH$_2$ ⟵
　　　　　　　|　　|
　　　　　　 Br　Br

b) 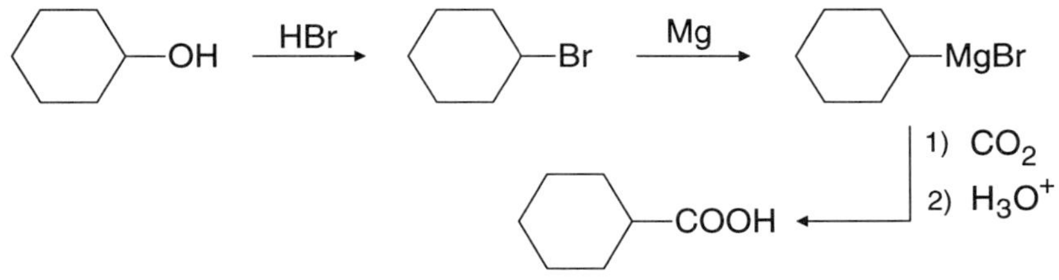 ⬡—OH $\xrightarrow{HBr}$ ⬡—Br $\xrightarrow{Mg}$ ⬡—MgBr

$\downarrow$ 1) CO_2
$\quad$ 2) H_3O^+

⬡—COOH ⟵

c) 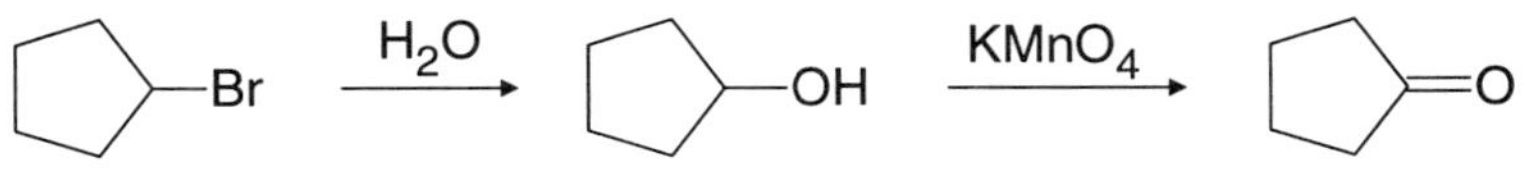 ⬠—Br $\xrightarrow{H_2O}$ ⬠—OH $\xrightarrow{KMnO_4}$ ⬠$=$O

d) 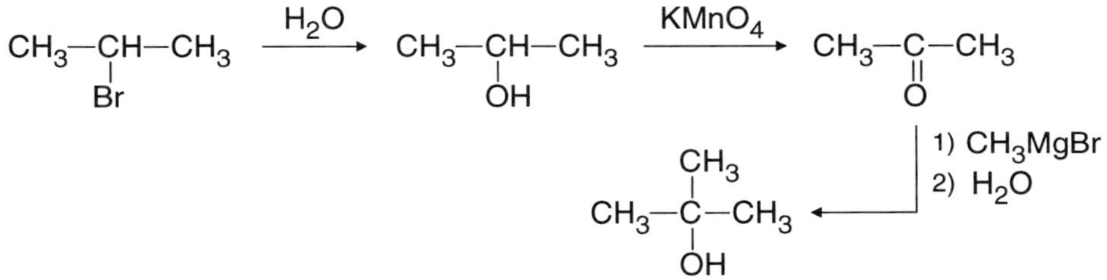 CH_3—CH—CH_3 $\xrightarrow{H_2O}$ CH_3—CH—CH_3 $\xrightarrow{KMnO_4}$ CH_3—C—CH_3
　　　　|　　　　　　　　　　　　　|　　　　　　　　　　　　　‖
　　　 Br　　　　　　　　　　　　OH　　　　　　　　　　　　O

$\downarrow$ 1) CH_3MgBr
$\quad$ 2) H_2O

$\qquad\qquad\qquad CH_3$
$\qquad\qquad\quad$ |
CH_3—C—CH_3 ⟵
$\qquad\quad$ |
$\qquad\quad$ OH

2. (suite)

e)

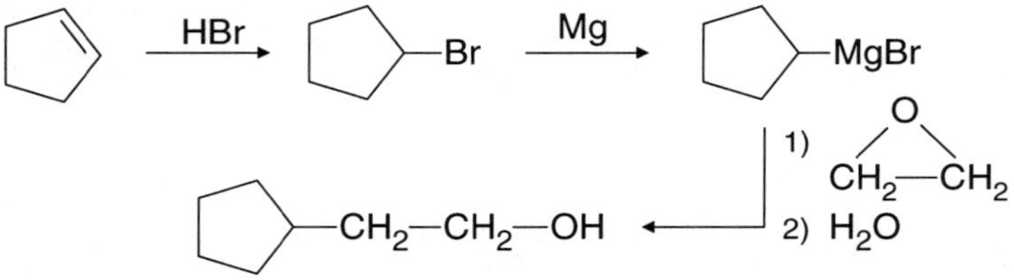

f) 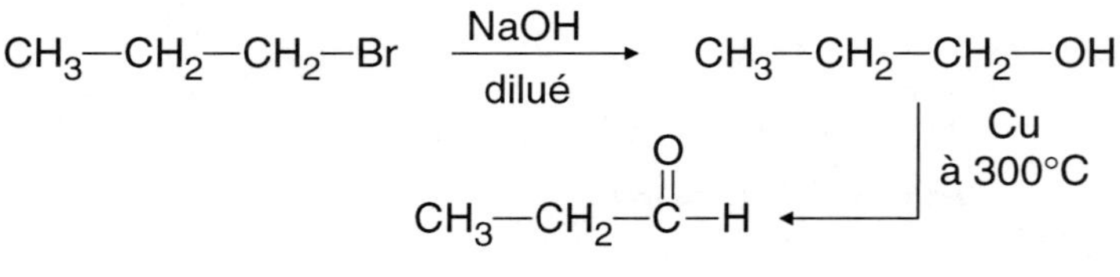 $CH_3-CH_2-CH_2-Br$ $\xrightarrow[\text{dilué}]{\text{NaOH}}$ $CH_3-CH_2-CH_2-OH$ $\xrightarrow[\text{à 300°C}]{\text{Cu}}$

$$CH_3-CH_2-\overset{\overset{\displaystyle O}{\|}}{C}-H$$

g)

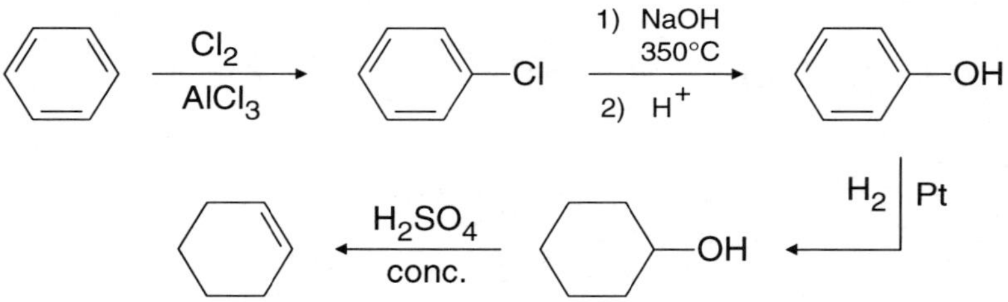

h)

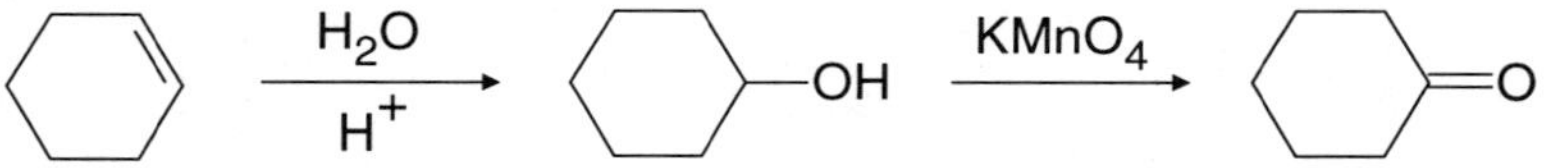

i)

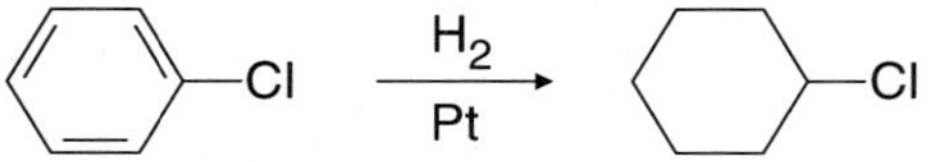

obtenu en (g)

j)

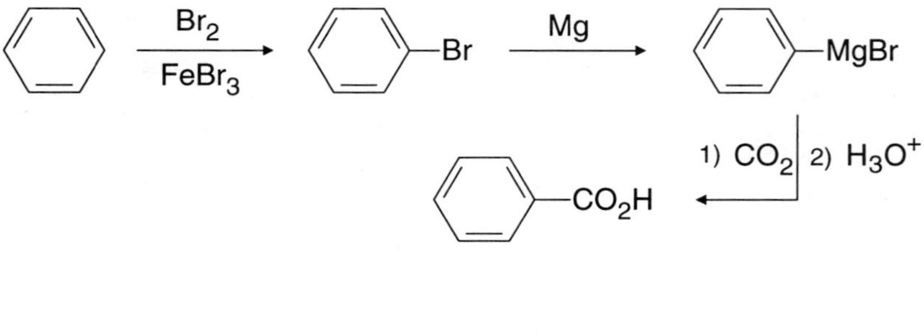

3.

Réactif	a) $CH_3-\underset{\underset{OH}{|}}{\overset{\overset{CH_3}{|}}{C}}-CH_2-CH_3$	b) ⬡—OH
1. H_2SO_4 conc.	$CH_3-\underset{\overset{|}{CH_3}}{C}=CH-CH_3$	aucune réaction
2. NaOH	aucune réaction	⬡—$\overset{-}{O}$ $\overset{+}{Na}$
3. HBr	$CH_3-\underset{\underset{Br}{|}}{\overset{\overset{CH_3}{|}}{C}}-CH_2-CH_3$	aucune réaction
4. CH_3MgBr	$CH_4 + CH_3-\underset{\underset{O^- \ \overset{+}{MgBr}}{|}}{\overset{\overset{CH_3}{|}}{C}}-CH_2-CH_3$	$CH_4 +$ ⬡—$\overset{-}{O}$ $\overset{+}{MgBr}$
5. $K_2Cr_2O_7$	aucune réaction	aucune réaction
6. CH_3CO_2H, H^+	$CH_3-\overset{\overset{O}{\|}}{C}-O-\underset{\underset{CH_3}{|}}{\overset{\overset{CH_3}{|}}{C}}-CH_2-CH_3$	$CH_3-\overset{\overset{O}{\|}}{C}-O-$⬡
7. H_2, Pt	aucune réaction	⬡(cyclohexane)—OH
8. K	$CH_3-\underset{\underset{O^-K^+}{|}}{\overset{\overset{CH_3}{|}}{C}}-CH_2-CH_3$	⬡—$\overset{-}{O}$ K^+
9. $SOCl_2$	$CH_3-\underset{\underset{Cl}{|}}{\overset{\overset{CH_3}{|}}{C}}-CH_2-CH_3$	aucune réaction
10. CH_3Cl et $AlCl_3$	$CH_3-\underset{\overset{|}{CH_3}}{C}=CH-CH_3$ (il y a déshydratation à cause de la présence de l'acide de Lewis $AlCl_3$)	H_3C—⬡—OH

4. a) $CH_3-CH_2-OH \xrightarrow[\Delta]{Cu} CH_3-\overset{\overset{\displaystyle O}{\|}}{C}-H$

b) $CH_3-CH_2-OH \xrightarrow{KMnO_4} CH_3-\overset{\overset{\displaystyle O}{\|}}{C}-OH$

$CH_3-\overset{\overset{\displaystyle O}{\|}}{C}-OH + CH_3-CH_2-OH \underset{}{\overset{H^+}{\rightleftharpoons}} CH_3-\overset{\overset{\displaystyle O}{\|}}{C}-O-CH_2-CH_3$

c) $CH_3-CH_2-OH \xrightarrow{HCl} CH_3-CH_2-Cl$

$2\,CH_3-CH_2-Cl + 2\,Na \longrightarrow CH_3-CH_2-CH_2-CH_3 + 2\,NaCl$

d) $CH_3-\overset{\overset{\displaystyle O}{\|}}{C}-H \xrightarrow{PCl_5} CH_3-\overset{\overset{\displaystyle Cl}{|}}{\underset{\underset{\displaystyle Cl}{|}}{C}}-H$
   obtenu en (a)

e) $CH_3-\overset{\overset{\displaystyle Cl}{|}}{\underset{\underset{\displaystyle Cl}{|}}{C}}-H \xrightarrow[\text{(éthanolique)}]{KOH} H-C\equiv C-H$
   obtenu en (d)

f) $CH_3-CH_2-OH \xrightarrow{HBr} CH_3-CH_2-Br$

g) $CH_3-CH_2-Br \xrightarrow{Mg} CH_3-CH_2-MgBr$
   obtenu en (f)

   1) $CH_3-\overset{\overset{\displaystyle O}{\|}}{C}-H$ obtenu en (a)
   2) H_2O

   $CH_3-\overset{}{\underset{\underset{\displaystyle OH}{|}}{CH}}-CH_2-CH_3$

h) $CH_3-CH_2-OH \xrightarrow[\text{conc.}]{H_2SO_4} CH_2=CH_2 \xrightarrow{Br_2} \overset{}{\underset{\underset{\displaystyle Br}{|}}{CH_2}}-\overset{}{\underset{\underset{\displaystyle Br}{|}}{CH_2}}$

4. (suite)

i) $CH_3-CH-CH_2-CH_3$ $\xrightarrow[\Delta]{Cu}$ $CH_3-C-CH_2-CH_2$
     $\quad\quad\ \ |$ $\quad\quad\quad\quad\quad\quad\quad\quad\quad\quad\quad\quad\ \ ||$
     $\quad\quad\ OH$ $\quad\quad\quad\quad\quad\quad\quad\quad\quad\quad\quad\quad\ O$
     obtenu en (g)

j) $CH_3-CH-CH_2-CH_3$ $\xrightarrow[\text{conc.}]{H_2SO_4}$ $CH_3-CH=CH-CH_3$
     $\quad\quad\ \ |$
     $\quad\quad\ OH$ obtenu en (g)

$\quad\quad\quad\quad\quad\quad\quad\quad\quad\quad\quad\quad\quad\quad\quad\quad\quad\quad\quad\quad Br_2$

$CH_3-C\equiv C-CH_3$ $\xleftarrow{KOH}$ $CH_3-CH-CH-CH_3$
$\quad\quad\quad\quad\quad\quad\quad\quad\quad\quad\quad\quad\quad\quad\quad\ |\quad\ |$
$\quad\quad\quad\quad\quad\quad\quad\quad\quad\quad\quad\quad\quad\quad\ Br\ \ Br$

5.

| Première méthode |

$\quad\quad\quad CH_3$
$\quad\quad\quad\ |$
CH_3-C-OH $\xrightarrow{HCl}$
$\quad\quad\quad\ |$
$\quad\quad\quad CH_3$

$\quad\quad\quad CH_3$
$\quad\quad\quad\ |$
CH_3-C-Cl $\xrightarrow{\quad CH_3-CH_2-OH \quad}$
$\quad\quad\quad\ |$
$\quad\quad\quad CH_3$

$\quad\quad\quad\quad\quad\quad\quad\quad\quad\quad CH_3$
$\quad\quad\quad\quad\quad\quad\quad\quad\quad\quad\ |$
$\quad\quad\quad\quad\quad\quad\quad CH_3-C-O-CH_2-CH_3$
$\quad\quad\quad\quad\quad\quad\quad\quad\quad\quad\ |$
$\quad\quad\quad\quad\quad\quad\quad\quad\quad\quad CH_3$

Halogénure tertiaire + nucléophile faible,
donc la **substitution** est favorisée.

| Deuxième méthode |

$\quad\quad\quad CH_3$
$\quad\quad\quad\ |$
CH_3-C-OH $\xrightarrow{K}$
$\quad\quad\quad\ |$
$\quad\quad\quad CH_3$

$\quad\quad\quad CH_3$
$\quad\quad\quad\ |$
$CH_3-C-O^-K^+$
$\quad\quad\quad\ |$
$\quad\quad\quad CH_3$

CH_3-CH_2-OH $\xrightarrow{HCl}$ CH_3-CH_2-Cl

$\quad\quad\quad\quad\quad\quad\quad\quad\quad\quad\quad CH_3 \quad\quad\quad\quad\quad\quad\quad\quad\quad\quad\quad CH_3$
$\quad\quad\quad\quad\quad\quad\quad\quad\quad\quad\quad\ | \quad\quad\quad\quad\quad\quad\quad\quad\quad\quad\quad\ |$
$CH_3-CH_2-Cl\ +\ CH_3-C-O^-K^+ \longrightarrow CH_3-C-O-CH_2-CH_3$
$\quad\quad\quad\quad\quad\quad\quad\quad\quad\quad\quad\ | \quad\quad\quad\quad\quad\quad\quad\quad\quad\quad\quad\ |$
$\quad\quad\quad\quad\quad\quad\quad\quad\quad\quad\quad CH_3 \quad\quad\quad\quad\quad\quad\quad\quad\quad\quad\quad CH_3$

Halogénure primaire + nucléophile fort,
donc la **substitution** est favorisée.

6.

OH	O	Br	MgBr
CH$_3$—CH—CH$_3$	CH$_3$—C—CH$_3$	CH$_3$—CH—CH$_3$	CH$_3$—CH—CH$_3$
A	**B**	**C**	**D**

CO$_2$H		CO$_2$CH$_3$
CH$_3$—CH—CH$_3$	CH$_3$OH	CH$_3$—CH—CH$_3$
E	**F**	**G**

7.

CH$_3$—CH—CH$_2$—CH$_3$ CH$_3$—CH—CH$_2$—CH$_3$ CH$_3$—CH=CH—CH$_3$
    |OH |Cl

    A   **B**   **C**

CH$_3$—CH$_2$—CH—CH$_3$ CH$_3$—CO$_2$H   CH$_3$—CH$_2$—CH—CH$_3$
          |Br |MgBr

    D   **E**   **F**

8.

CH$_3$	CH$_3$	CH$_3$	CH$_3$
CH$_3$—C—OH	CH$_3$—C—Br	CH$_3$—C	CH$_3$—C—OH
CH$_3$	CH$_3$	‖CH$_2$	CH$_2$OH
A	**B**	**C**	**D**

CH$_3$	CH$_3$ O	CH$_3$	
CH$_3$—C—OH	CH$_3$—C—O—C—CH$_3$	CH$_3$—C—OH	CH$_3$—CH$_2$OH
CH$_3$	CH$_3$	CH$_3$	
E	**F**	**G**	**H**

CH$_3$	O	CH$_3$
CH$_3$—C—O$^-$ K$^+$	CH$_3$—C—H	CH$_3$—C—MgBr
CH$_3$		CH$_3$
I	**J**	**K**

CH$_3$ OH	CH$_3$
CH$_3$—C—CH—CH$_3$	CH$_3$—C—CH=CH$_2$
CH$_3$	CH$_3$
L	**M**

9.	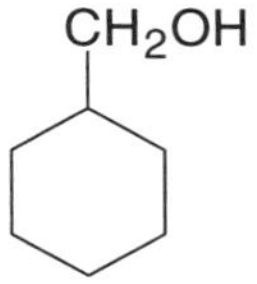 CH₂OH (cyclohexyl)	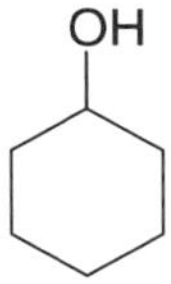 OH (cyclohexyl)	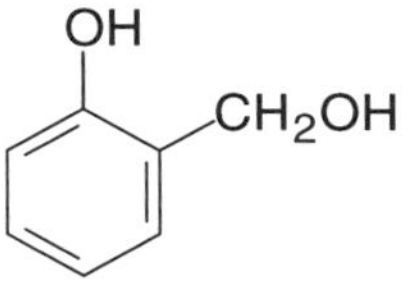 OH / CH₂OH (benzene ring)	$(CH_3)_3COH$
a)	aucune réaction	aucune réaction	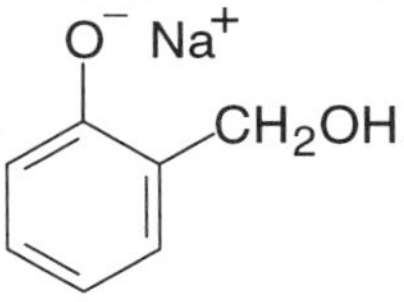 $O^-\ Na^+$ / CH₂OH (benzene ring)	aucune réaction
b)	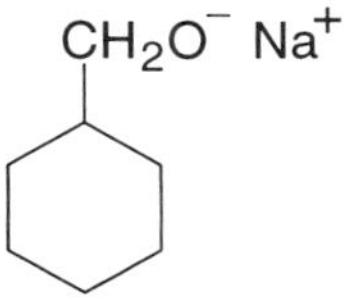 $CH_2O^-\ Na^+$ (cyclohexyl)	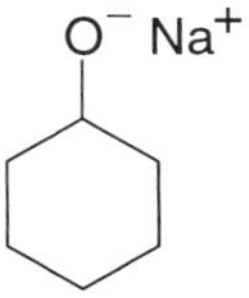 $O^-\ Na^+$ (cyclohexyl)	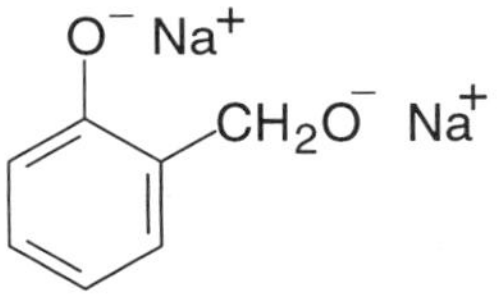 $O^-\ Na^+$ / $CH_2O^-\ Na^+$ (benzene ring)	aucune réaction
c)	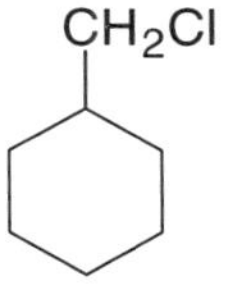 CH₂Cl (cyclohexyl)	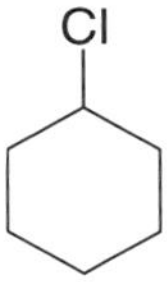 Cl (cyclohexyl)	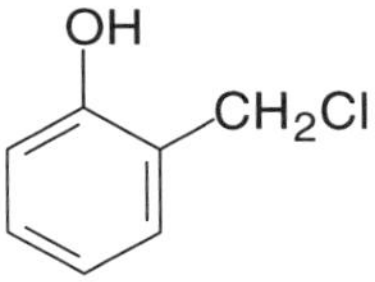 OH / CH₂Cl (benzene ring)	$(CH_3)_3CCl$ (rapide)

10.

A — benzene

B — chlorobenzene (Cl)

C — $O^-\ Na^+$ (benzene)

D — OH (phenol)

E — OH para-CH₃ (4-methylphenol)

F — OH ortho-CH₃ (2-methylphenol)

G — $O-\overset{O}{\overset{\|}{C}}-CH_3$ (phenyl acetate)

H — Br (bromobenzene)

I — MgBr (phenylmagnesium bromide)

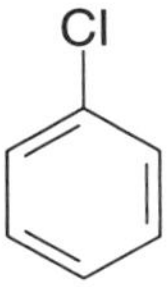

J — CH_2-CH_2OH (benzene)

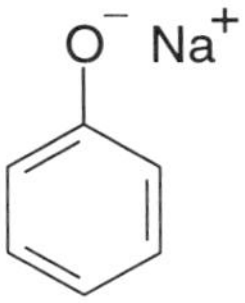

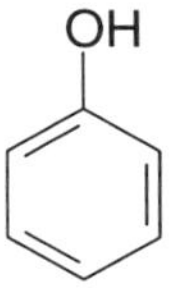

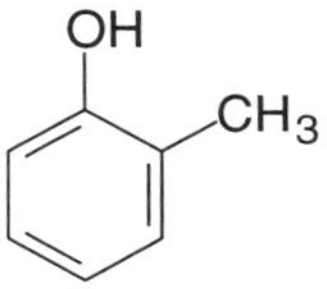

K — $CH_2-CH_2O^-\ Na^+$ (benzene)

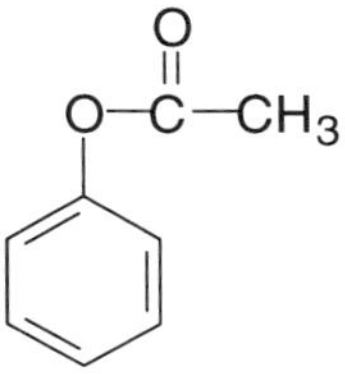

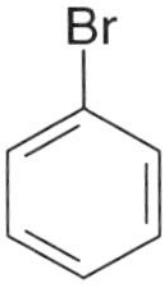

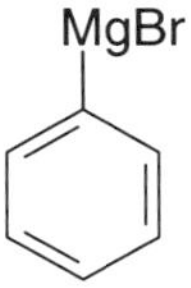

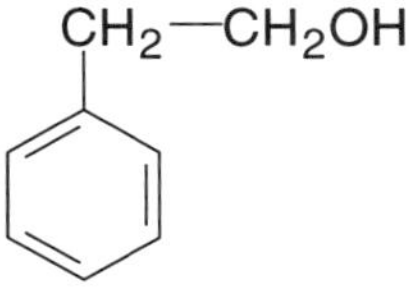

L — benzene

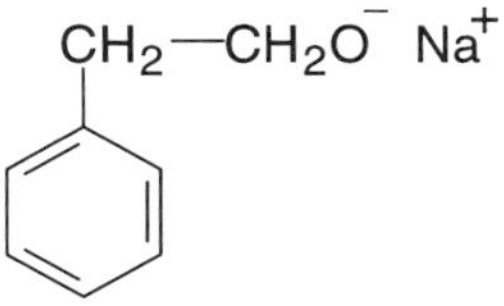

M — $O^-\ \overset{+}{MgBr}$ (benzene)

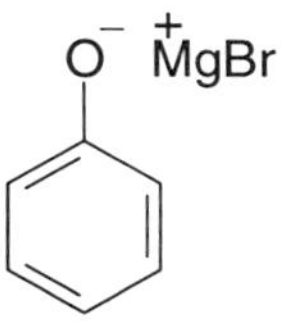

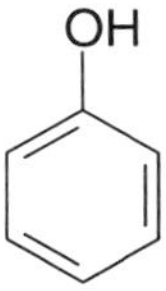

N — OH (phenol)

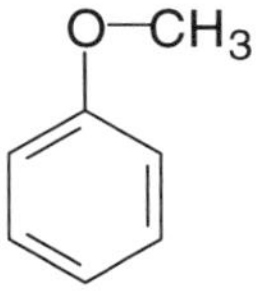

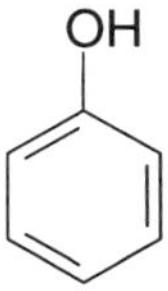

O — $O-CH_3$ (anisole)

P — OH (phenol)

Q — CH_3I

LES 9
COMPOSÉS
OXYGÉNÉS
INSATURÉS

Aldéhydes et cétones — Acides carboxyliques et dérivés

9.1 Présentation

1. Sel d'acide carboxylique, ester, halogénure d'acide (acyle), amide et anhydride.

2. a) 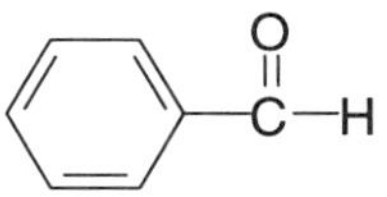 le benzaldéhyde

   b) $CH_3-\overset{\overset{\displaystyle O}{\|}}{C}-O-CH_3$ l'acétate de méthyle

   c) $CH_3-\overset{\overset{\displaystyle O}{\|}}{C}-O-\overset{\overset{\displaystyle O}{\|}}{C}-CH_3$ l'anhydride acétique

9.2 Le groupe carbonyle

1. a) Chlorure d'acide, donc substitution;

   b) anhydride d'acide, donc substitution;

   c) cétone, donc addition;

   d) aldéhyde, donc addition.

2. a) $CH_3-\overset{\overset{\displaystyle O}{\|}}{C}-Cl$ puisque l'ion chlorure, Cl^-, formé est une base plus faible que l'ion HO^- libéré dans le cas de l'acide carboxylique.

2. (suite)

b)

$$CH_3\!-\!\overset{\overset{\displaystyle O}{\|}}{C}\!-\!O\!-\!\overset{\overset{\displaystyle O}{\|}}{C}\!-\!CH_3$$

libère un ion acétate, $CH_3\!-\!CO_2^-$, une base plus faible que l'ion CH_3O^- provenant de l'ester.

c)

$$CH_3\!-\!\overset{\overset{\displaystyle O}{\|}}{C}\!-\!O\!-\!CH_3$$

puisque l'autre composé est une cétone qui réagit surtout par addition.

d)

$$CH_3\!-\!\overset{\overset{\displaystyle O}{\|}}{C}\!-\!Cl$$

puisque l'ion chlorure, Cl^-, formé est une base plus faible que l'ion NH_2^- libéré dans le cas de l'amide.

9.3 État naturel

1. L'acide acétique.

2. Les fonctions cétone et alcool.

3. La fonction cétone.

4. Les chlorures d'acides et les anhydrides s'hydrolysent trop facilement.

5. La fonction ester.

9.4 Nomenclature des composés carbonylés

1. a) Amide

   b) nitrile

   c) dicétone

   d) anhydride d'acide

   e) aminoacide

   f) acide carboxylique α,β-insaturé

   g) chlorure d'acide (acyle)

   h) ester

   i) cétone

   j) sel d'acide carboxylique.

2. a) Pentan-2-one

   b) acide trichloroacétique

   c) acide benzoïque

   d) chlorure de benzoyle

   e) anhydride acétique

   f) 2-hydroxy-3-méthylbutanal

   g) acide butanoïque ou butyrique

   h) propanoate de méthyle

   i) butanedial

   j) acide but-2-énoïque

   k) benzoate de potassium

   l) propanenitrile ou propionitrile ou cyanure d'éthyle

2. (suite)

m) hexanamide

n) *N*-méthyl-3-chloro-2-méthyl-butanamide

o) méthanamide ou formamide

p) acide 2-aminopropanoïque

q) acétate de phényle

r) butane-2,3-dione

s) acide oxalique

t) cyclohex-2-én-1-one

u) 2-méthoxybenzonitrile

v) *N*-phénylpropanamide

w) 4-méthylacétophénone

x) acide 2-chloro-4-méthylpent-3-énoïque

y) acide 2-méthylmalonique

z) acide hexanedioïque

3. a) $CH_3-\overset{Br}{\underset{|}{CH}}-\overset{O}{\overset{||}{C}}-H$

b) $CH_3-CH_2-CH_2-\overset{O}{\overset{||}{C}}-H$

c) $CH_3-\overset{CH_3}{\underset{|}{CH}}-CN$

d) $CH_2=CH-CH_2-CO_2H$

e) $CH_3-\overset{CH_3}{\underset{|}{CH}}-CO_2^-\ Na^+$

f) $CH_3-[CH_2]_3-\overset{CH_3}{\underset{|}{CH}}-\overset{CH_3}{\underset{|}{CH}}-\overset{O}{\overset{||}{C}}-H$

g)

h) $CH_3-CH_2-\overset{O}{\overset{||}{C}}-N(CH_3)_2$

i) $CH_3-[CH_2]_2-\overset{Cl}{\underset{|}{CH}}-CH_2-\overset{Cl}{\underset{|}{CH}}-[CH_2]_2-CN$

j) $CH_3-CH_2-CH_2-CO_2H$

k) $HOOC-CH_2-CH_2-COOH$

l) $CH_3-CH_2-CH_2-\overset{O}{\overset{||}{C}}-Cl$

m)

n) $CH_3-CH_2-\overset{CH_3}{\underset{|}{CH}}-CH_2-\overset{O}{\overset{||}{C}}-NH-C_6H_5$

o) $CH_3-CH_2-\overset{O}{\overset{||}{C}}-CH_2-\overset{O}{\overset{||}{C}}-H$

p) $CH_3-\overset{NH_2}{\underset{|}{CH}}-\overset{CH_3}{\underset{|}{CH}}-CO_2H$

q) $CH_3-O-CH_2-CH=CH-CO_2H$

r)

s)

t)

3. (suite)

u)

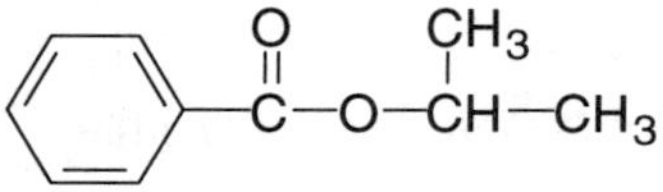

x)

v) $CH_3-CO_2^-$ Na^+

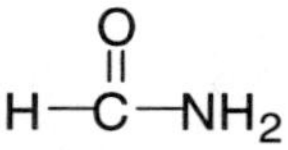

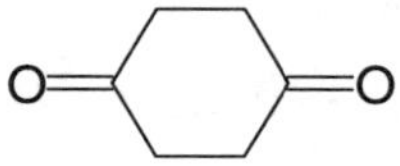

y)

w)

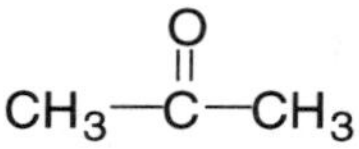

z) $Cl-CH_2-CO_2H$

4.

Nom	Formule
a) $CH_3-[CH_2]_{14}-CO_2H$	a) acide palmitique
b) 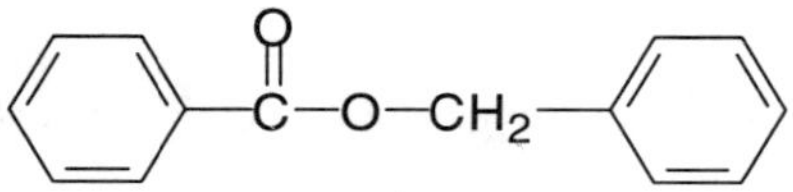	b) benzoate de benzyle
c) 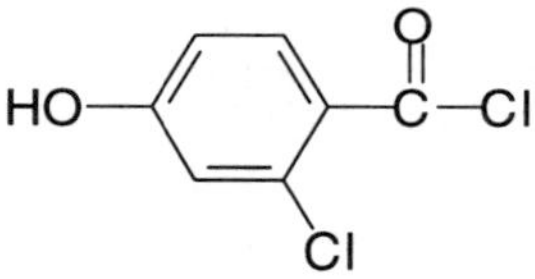	c) chlorure de 2-chloro-4-hydroxy-benzoyle
d) 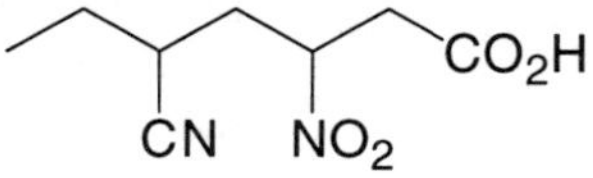	d) acide 5-cyano-3-nitroheptanoïque
e) 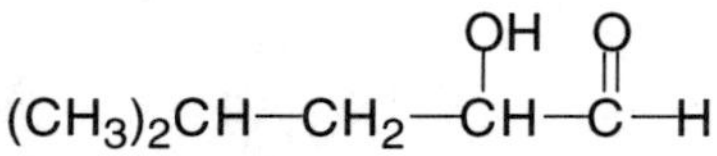	e) 2-hydroxy-4-méthylpentanal
f) 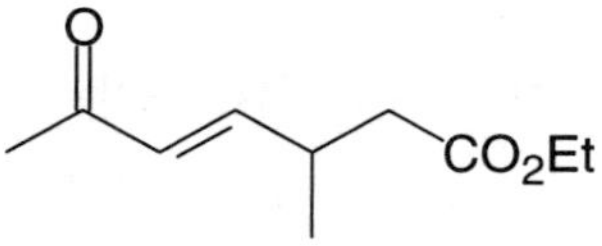	f) 3-méthyl-6-oxohept-4-énoate d'éthyle
g) $^+Na\ ^-O_2C-CH_2-CH_2-CO_2^-\ Na^+$	g) succinate de sodium
h) 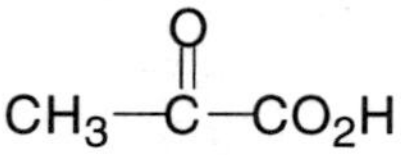	h) acide 2-oxopropanoïque (acide pyruvique)

———— ✳ ————

LES ALDÉHYDES ET LES CÉTONES   10

Synthèse des aldéhydes et des cétones

10.1, 10.2 et 10.3 À partir de fonctions simples

1.

a)

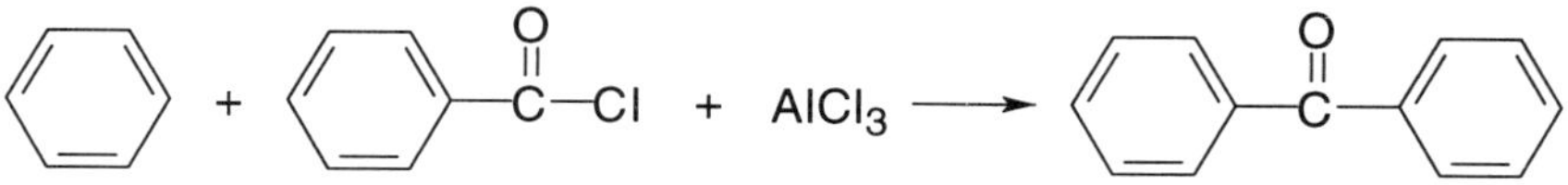

b)
$$CH_3-\overset{O}{\overset{\|}{C}}-Cl \xrightarrow[Pd(S)]{H_2} CH_3-\overset{O}{\overset{\|}{C}}-H$$

c)
$$CH_3-\overset{OH}{\overset{|}{C}H}-CH_3 \xrightarrow{KMnO_4} CH_3-\overset{O}{\overset{\|}{C}}-CH_3$$

d)
$$CH_3-CH_2-CH_2-CH_2-OH \xrightarrow[\substack{\Delta \\ 350\,°C}]{Cu} CH_3-CH_2-CH_2-\overset{O}{\overset{\|}{C}}-H$$

e)

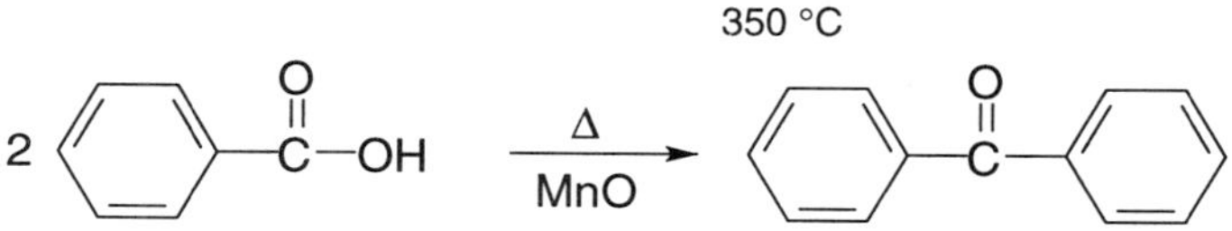

2.

A   cyclohexyl–CH(OH)–CH₃

B   cyclohexyl–CN

C   cyclohexyl–C(=CH₂)–CH₃

D   cyclohexyl–CO₂H

3. a) La butanone n'est pas symétrique. Pour l'obtenir par pyrolyse, il faudrait utiliser deux acides carboxyliques différents (l'acide acétique et l'acide propionique). Il y aurait donc possibilité de former deux autres cétones: la pentan-3-one et l'acétone.

b) Le butan-2-ol:

$$CH_3-CH_2-CH(OH)-CH_3 \xrightarrow{KMnO_4} CH_3-CH_2-\overset{O}{\overset{\|}{C}}-CH_3$$

4. $$CH_3-\overset{CH_3}{\underset{|}{C}}=CH_2 \xrightarrow[\text{2) } H_2O, Zn]{\text{1) } O_3} CH_3-\overset{O}{\overset{\|}{C}}-CH_3 \; + \; H-\overset{O}{\overset{\|}{C}}-H$$
$$\qquad\qquad\qquad\qquad\qquad\qquad \text{acétone} \qquad \text{formaldéhyde}$$

Réactivité des aldéhydes et des cétones

10.4 Addition nucléophile

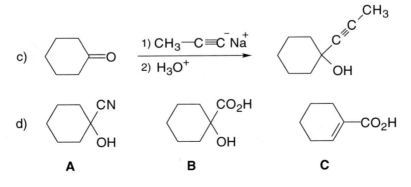

1. a)

b) Aucune réaction, le diol géminal qui pourrait se former est instable.

c) cyclohexanone $\xrightarrow[\text{2) } H_3O^+]{\text{1) } CH_3-C\equiv C^- Na^+}$ 1-(prop-1-ynyl)cyclohexan-1-ol

d)

A   1-hydroxycyclohexane-CN

B   1-hydroxycyclohexane-CO₂H

C   cyclohexene-CO₂H

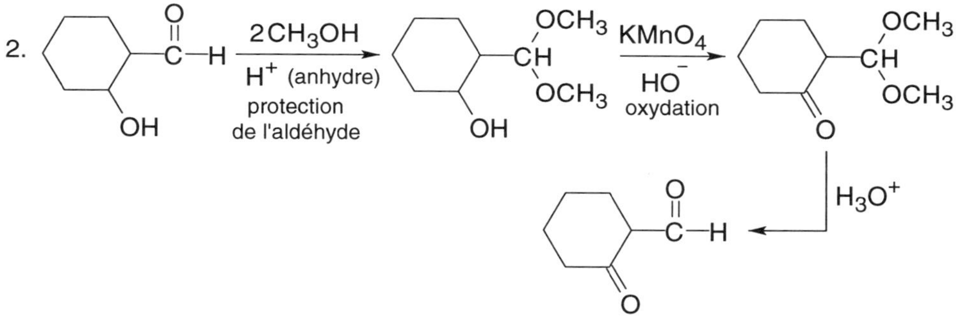

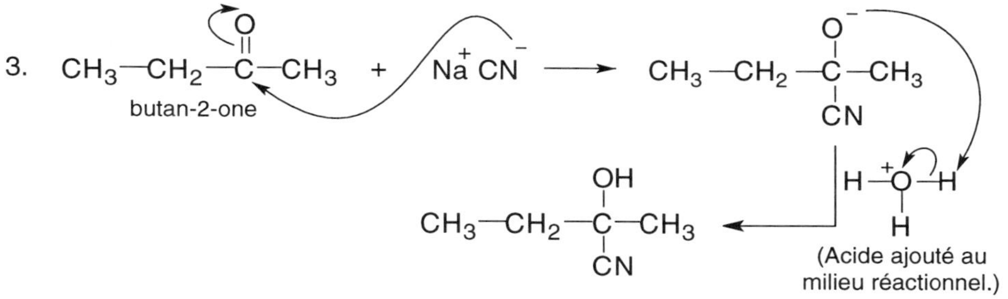

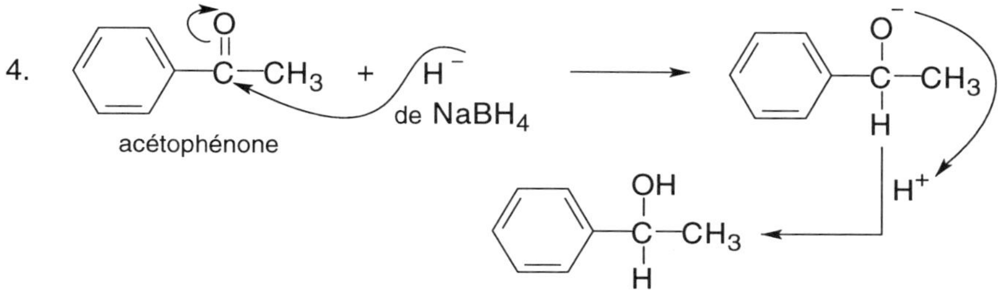

2.

3.

$CH_3-CH_2-\overset{O}{\underset{}{C}}-CH_3$ butan-2-one   + $Na^+ CN^-$ ⟶ $CH_3-CH_2-\overset{O^-}{\underset{CN}{C}}-CH_3$

$CH_3-CH_2-\overset{OH}{\underset{CN}{C}}-CH_3$

(Acide ajouté au milieu réactionnel.)

4.

acétophénone   + H^- de NaBH$_4$ ⟶

5. Réaction de Cannizzaro avec le formaldéhyde (petit aldéhyde) pour obtenir un bon rendement.

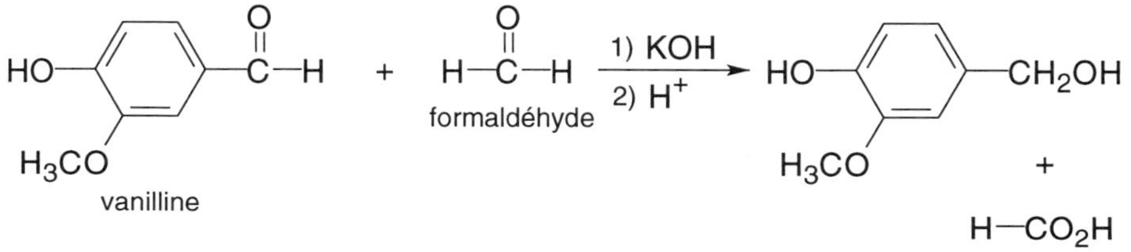

vanilline   +   formaldéhyde   1) KOH   2) H$^+$

+

$H-CO_2H$

10.5 Disponibilité de l'hydrogène α

---

1. a) Sur un aldéhyde, il n'y a qu'un seul carbone α ; il y a donc formation d'un seul aldol. Dans une cétone, il peut y avoir deux carbones α porteurs d'hydrogènes, ce qui a pour effet de former plusieurs cétols.

   b) Il faudrait choisir une cétone qui possède un hydrogène sur un seul des carbones α .

2.

A $\quad$ Ph–C(=O)–CH$_3$

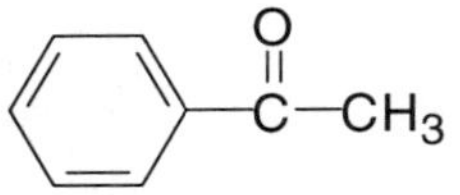

D $\quad$ Ph–C(=O)–CH$_2^-$ Na$^+$

B $\quad$ Ph–C(=O)–CH$_2$–Br

E $\quad$ Ph–C(=O)–CH$_2$–CH$_2$–CH$_3$

C $\quad$ Ph–C(OH)(CH$_3$)–CH$_2$–C(=O)–Ph

3.

CH$_3$–CH$_2$–C(CH$_3$)(H)–C(=O)–H $\quad$ + $\quad$ K$^+$OH$^-$ $\longrightarrow$ CH$_3$–CH$_2$–C$^-$(CH$_3$)–C(=O)–H

2-méthylbutanal

CH$_3$–CH$_2$–CH(CH$_3$)–C(=O)–H

CH$_3$–CH$_2$–C(CH$_3$)[CH(O$^-$)(CH$_3$)...]–C(=O)–H

H–O–H

CH$_3$–CH$_2$–C(CH$_3$)[CH(OH)(CH$_3$)–CH$_2$–CH$_3$]–C(=O)–H

un aldol

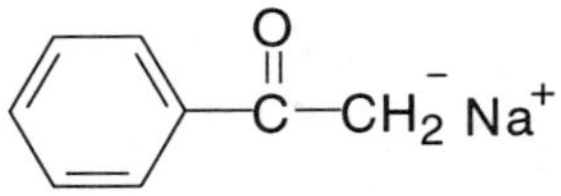

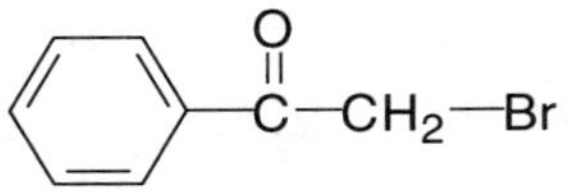

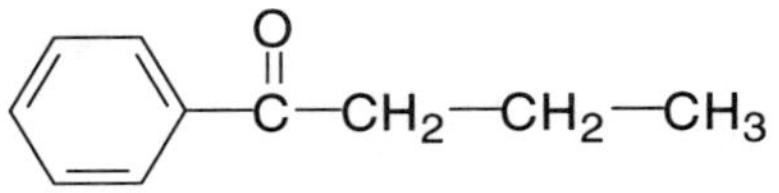

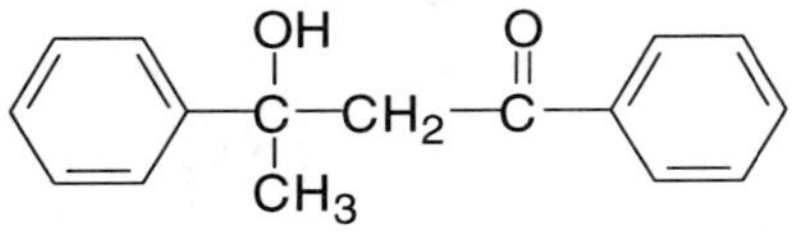

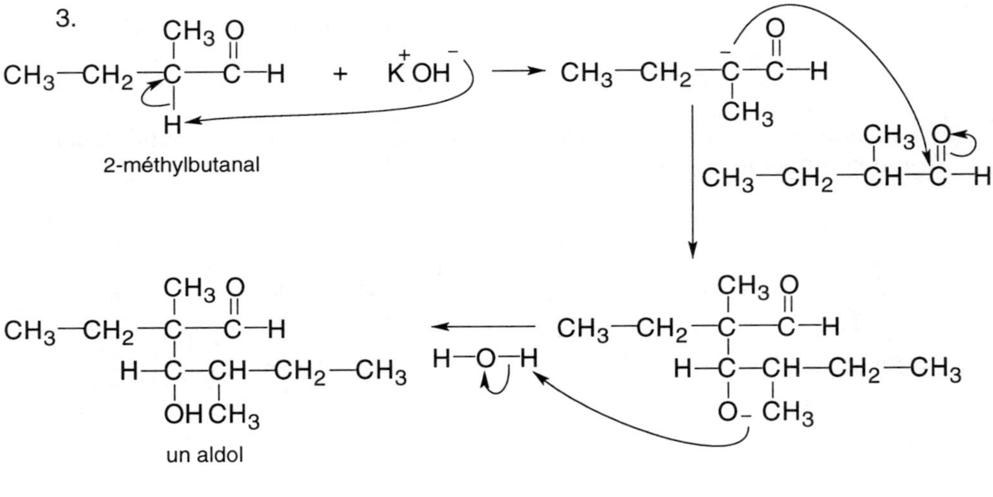

4. CH_3—CH_2—CH_2—OH $\xrightarrow[\text{350 °C}]{\text{Cu} \atop \Delta}$ CH_3—CH_2—$\overset{\overset{O}{\|}}{C}$—H

propan-1-ol

2 CH_3—CH_2—$\overset{\overset{O}{\|}}{C}$—H $\xrightarrow[\text{condensation aldolique}]{\text{NaOH}}$ CH_3—CH_2—$\underset{\underset{OH}{|}}{CH}$—$\underset{\underset{CH_3}{|}}{CH}$—$\overset{\overset{O}{\|}}{C}$—H

3-hydroxy-2-méthylpentanal

10.6 Oxydation des aldéhydes et des cétones

1. CH_3—CH_2—OH $\xrightarrow{O_2}$ CH_3—$\overset{\overset{O}{\|}}{C}$—H $\xrightarrow{O_2}$ CH_3—$\overset{\overset{O}{\|}}{C}$—OH

éthanol   acide acétique

2. a) R—$\overset{\overset{O}{\|}}{C}$—$CH_3$ par exemple: CH_3—CH_2—$\overset{\overset{O}{\|}}{C}$—$CH_3$

b) 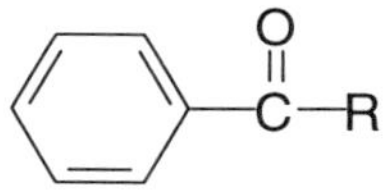 ⟨C₆H₅⟩—$\overset{\overset{O}{\|}}{C}$—R   par exemple: ⟨C₆H₅⟩—$\overset{\overset{O}{\|}}{C}$—$CH_3$

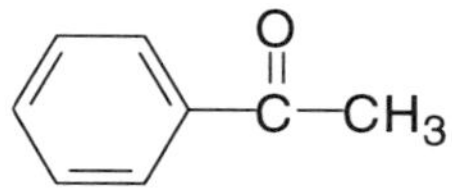

c) Une cétone cyclique, par exemple:

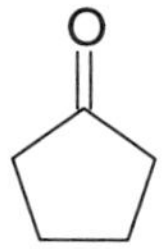

10.7 Analyse qualitative des aldéhydes et des cétones

1. a) Un *dérivé* est une substance solide obtenue par une réaction spécifique à un groupement fonctionnel dans le but d'en déterminer le point de fusion. Un *dérivé* sert à caractériser un composé organique.

   b) Oxime, phénylhydrazone et semicarbazone.

2. a) Cu^{2+}. Il devient Cu^{+} après réaction. Il prend la forme d'un précipité rouge de Cu_2O.

   b) Le fructose est une cétone α-hydroxylée; il réagit donc avec la solution de Fehling.

3. En effectuant un test iodoforme avec de l'iode et de l'hydroxyde de sodium. Un précipité jaune d'iodoforme prouve la présence d'une méthylcétone.

4. • Le benzaldéhyde est mis en évidence par un test de Fehling, c'est le seul aldéhyde.

• La cyclohexanone est identifiée parce qu'elle ne réagit pas au test iodoforme, les deux autres cétones réagissent.

• L'acétone et la butan-2-one sont identifiées en comparant le point de fusion d'un dérivé, oxime ou autre.

Exercices complémentaires

1. a)

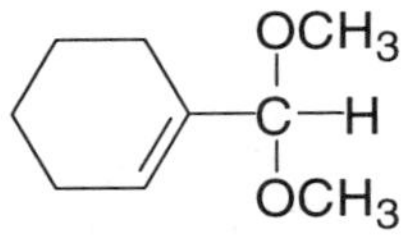

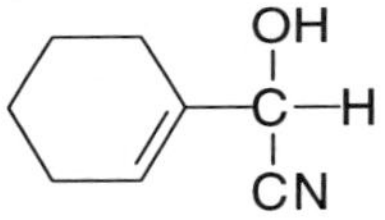

d)

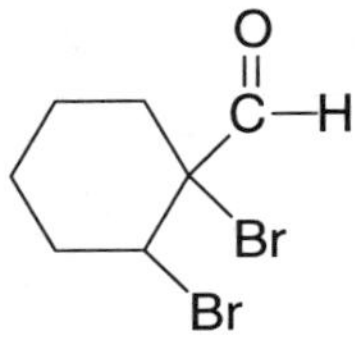

b)

e)

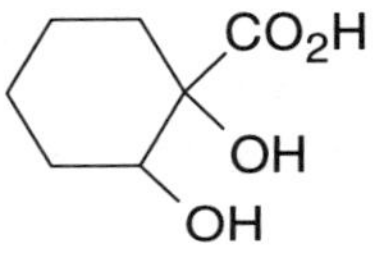

c)

f)

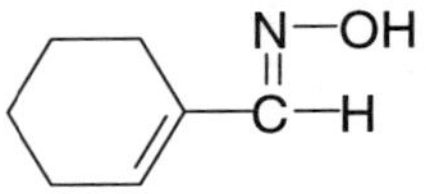

2. **A**

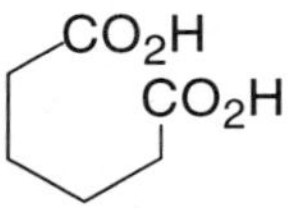

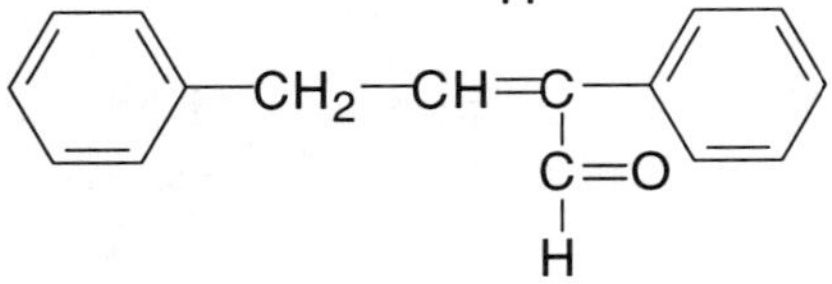

F

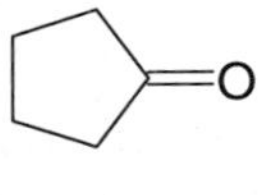

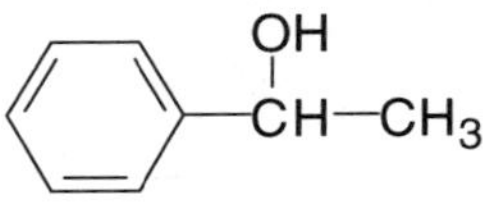

B

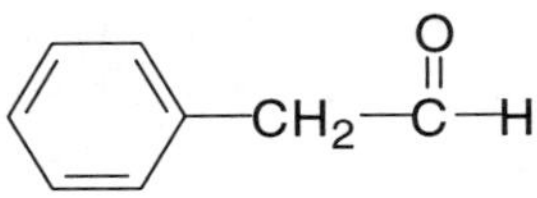

G

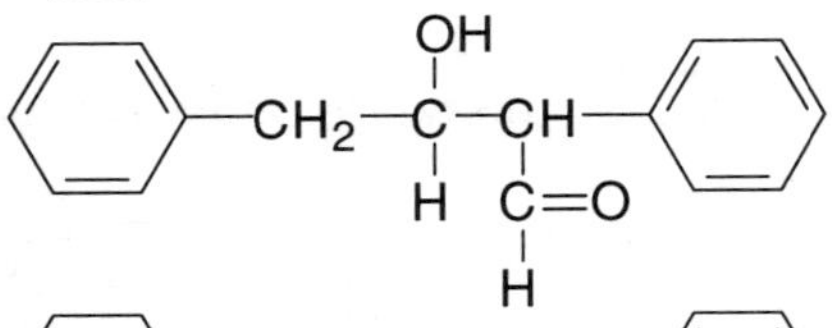

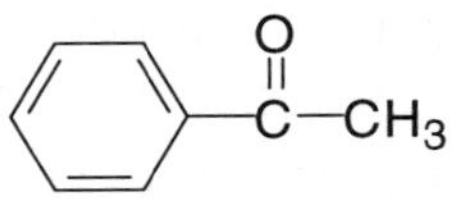

C

H

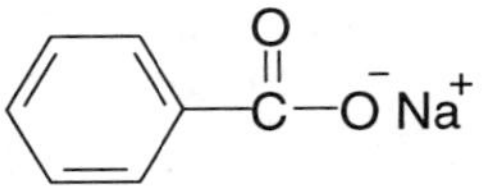

D

I CHI_3

E

J

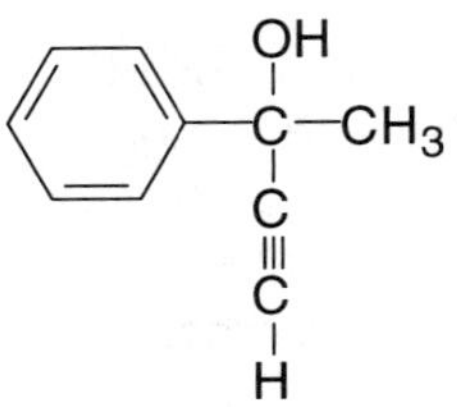

3. a) • La spectroscopie IR permet de détecter le butan-1-ol avec son absorption vers 3500 cm^{-1}.
   • Le butanal donne un test de Fehling positif.
   • La butan-2-one donne un précipité jaune au test iodoforme.

   b) • La spectroscopie IR permet de distinguer les deux alcools des autres composés (ils absorberaient à 3500 cm^{-1}). L'acide pentanoïque aussi se différencie des quatre autres composés par son spectre IR (pics à 2500-3000 cm^{-1} et 1700 cm^{-1}).
   • La pentan-2-one donne un test iodoforme positif; l'autre cétone, non.
   • On oxyde les deux alcools en cétones pour obtenir la pentan-2-one et la pentan-3-one; puis on procède comme pour la pentan-2-one.

4. **A** $KMnO_4$ **D** CH_3MgBr

   B $KMnO_4$ conc. Δ **E** H_2O

   C H_2, Pd(S)

5. a)

CH$_3$—CH$_2$—C(=O)—CH$_2$—CH$_3$ pentan-3-one $\xrightarrow{\text{LiAlH}_4}$ CH$_3$—CH$_2$—CH(OH)—CH$_2$—CH$_3$

$\downarrow$ H$_2$SO$_4$

CH$_3$—CH$_2$—CH(Cl)—CH$_2$—CH$_3$ 3-chloropentane $\xleftarrow{\text{HCl}}$ CH$_3$—CH=CH—CH$_2$—CH$_3$

b)   CH$_3$—CH$_2$—C(=O)—CH$_2$—CH$_3$ $\xrightarrow{\text{KMnO}_4}$ CH$_3$—CH$_2$—CO$_2$H + CH$_3$—CO$_2$H
acide propanoïque

c)   CH$_3$—CH$_2$—C(=O)—CH$_2$—CH$_3$ $\xrightarrow[\text{2) H}_2\text{O}]{\text{1) C}_6\text{H}_5\text{MgBr}}$ CH$_3$—CH$_2$—C(OH)(C$_6$H$_5$)—CH$_2$—CH$_3$
3-phénylpentan-3-ol

d)   2 CH$_3$—CO$_2$H   obtenu en b $\xrightarrow[\text{MnO}]{\Delta}$ CH$_3$—C(=O)—CH$_3$ acétone

6. $CH_3-CH_2-CH_2-OH$ $\xrightarrow{KMnO_4}$ $CH_3-CH_2-CO_2H$
propan-1-ol

CH_3-CH_2-OH $\xrightarrow{HBr}$ CH_3-CH_2-Br $\xrightarrow{Li}$ CH_3-CH_2-Li
éthanol

$CH_3-CH_2-CO_2H$ + CH_3-CH_2-Li $\xrightarrow{2)H_3O^+}$ $CH_3-CH_2-\overset{\overset{\displaystyle O}{\|}}{C}-CH_2-CH_3$
pentan-3-one

7.

a) $CH_3-CH_2-CH_2-\overset{\overset{\displaystyle O}{\|}}{C}-H$ $\xrightarrow[\text{2) } H_2O]{\text{1) } C_2H_5MgBr}$ $CH_3-CH_2-CH_2-\overset{\overset{\displaystyle OH}{|}}{CH}-CH_2-CH_3$
butanal

$\xrightarrow{KMnO_4}$ hexan-3-one

b) $CH_3-CH=\overset{\overset{\displaystyle CH_2CH_3}{|}}{C}-CH_2-CH_2-CH_3$ $\xrightarrow[\text{2) } H_2O, Zn]{\text{1) } O_3}$ hexan-3-one
3-éthylhex-2-ène

c) $CH_3-CH_2-C\equiv C-CH_2-CH_3$ $\xrightarrow[\substack{H_2SO_4 \\ HgSO_4}]{H_2O}$ hexan-3-one
hex-3-yne

d) $CH_3-CH_2-\overset{\overset{\displaystyle O}{\|}}{C}-Cl$ $\xrightarrow[Pd(S)]{H_2}$ $CH_3-CH_2-\overset{\overset{\displaystyle O}{\|}}{C}-H$
chlorure de propanoyle

$\downarrow$ 1) $CH_3-CH_2-CH_2-MgBr$
2) H_2O

hexan-3-one $\xleftarrow{KMnO_4}$ $CH_3-CH_2-\overset{\overset{\displaystyle OH}{|}}{CH}-CH_2-CH_2-CH_3$

8. a)

cyclohexanol $\xrightarrow{Na_2Cr_2O_7}$ $\xrightarrow[\substack{NaOH \\ \Delta}]{KMnO_4}$ $\overset{CO_2^- Na^+}{CO_2^- Na^+}$

$\downarrow H^+$

$\overset{CO_2H}{CO_2H}$

cyclopentanone $\xleftarrow[MnO]{\Delta}$

b)

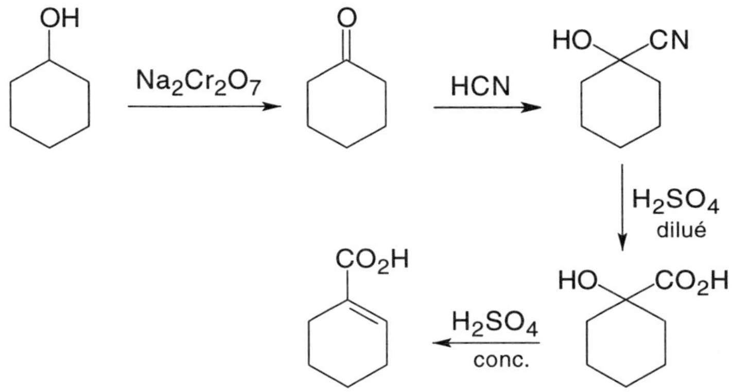

9. **A** $CH_3-\overset{\overset{OH}{|}}{CH}-CH_2-CH_2-CH_3$ **D** même que A

B $CH_3-\overset{\overset{O}{\|}}{C}-CH_2-CH_2-CH_3$ **E** $CH_3-CH=CH-CH_2-CH_3$
pent-2-ène

C $CH_3-CH_2-CH_2-CO_2^- \ Na^+$

10. a) $CH_3OH \xrightarrow{HBr} CH_3Br \xrightarrow{Mg} CH_3MgBr$
méthanol

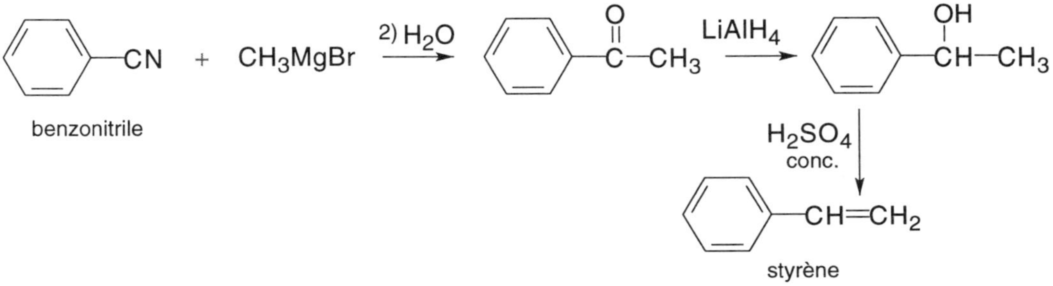

benzonitrile

styrène

b) $CH_3-CH_2-OH \xrightarrow[350\ °C]{Cu \ \Delta} CH_3-\overset{\overset{O}{\|}}{C}-H$
éthanol

$2\ CH_3-\overset{\overset{O}{\|}}{C}-H \xrightarrow{KOH} CH_3-\overset{\overset{OH}{|}}{CH}-CH_2-\overset{\overset{O}{\|}}{C}-H \xrightarrow{KMnO_4} CH_3-\overset{\overset{O}{\|}}{C}-CH_2-\overset{\overset{O}{\|}}{C}-OH$
acide 3-oxobutanoïque

10. (suite)

c) 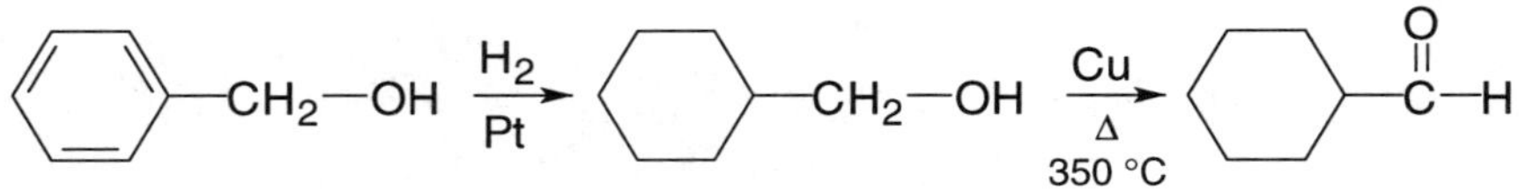

11. **A** 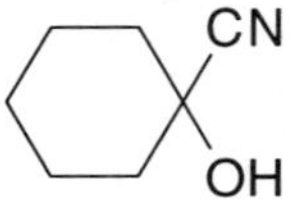

F 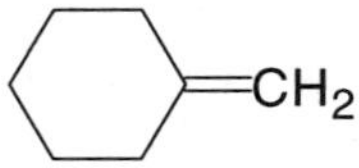

B 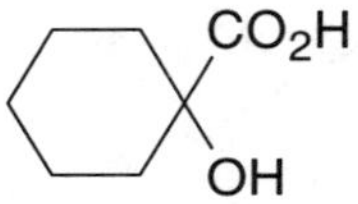

G 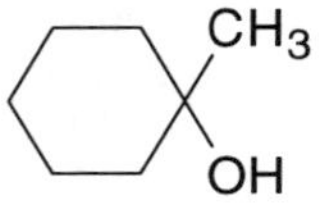

C 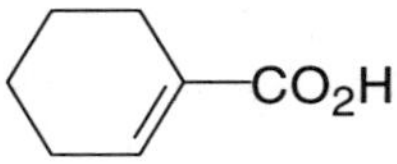

H 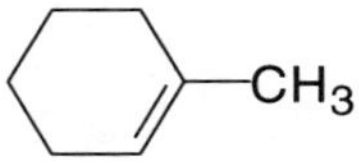

D 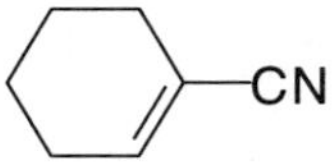

I 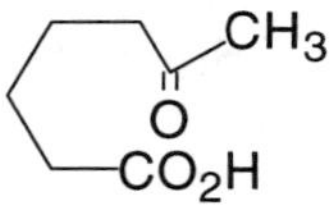

E 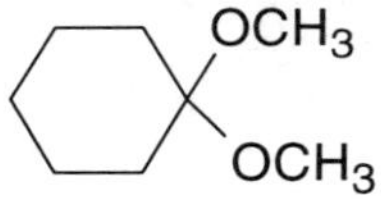

12. $CH_3{-}CH_2{-}OH \xrightarrow{HBr} CH_3{-}CH_2{-}Br \xrightarrow{HCN} CH_3{-}CH_2{-}CN$
(éthanol)

$CH_3{-}CH_2{-}Br \xrightarrow{Mg} CH_3{-}CH_2{-}MgBr$

$CH_3{-}CH_2{-}CN \;+\; CH_3{-}CH_2{-}MgBr \xrightarrow[2)\ H_2O]{} CH_3{-}CH_2{-}\overset{O}{\overset{\|}{C}}{-}CH_2{-}CH_3$

• Autre méthode:

$CH_3{-}CH_2{-}MgBr \xrightarrow[2)\ H_3O^+]{1)\ CO_2} CH_3{-}CH_2{-}CO_2H \xrightarrow[MnO]{\Delta} CH_3{-}CH_2{-}\overset{O}{\overset{\|}{C}}{-}CH_2{-}CH_3$

——— ✳ ———

LES
ACIDES
CARBOXYLIQUES
ET
LEURS DÉRIVÉS

11

État physique et synthèse des acides carboxyliques

11.1 à 11.4 État physique et synthèse par...

1. L'acide benzoïque forme des ponts hydrogène, le chlorure de benzoyle n'en forme pas.

2. À cause de la polarité et de la possibilité de former des ponts hydrogène avec l'eau, l'acide benzoïque sera plus soluble dans l'eau que le benzoate d'éthyle.

3. Premièrement, en passant par un nitrile; deuxièmement, en passant par un Grignard.

$$CH_3\text{—}CH_2\text{—}CN \xleftarrow[1°]{NaCN} CH_3\text{—}CH_2\text{—}Br \xrightarrow[2°]{Mg} CH_3\text{—}CH_2\text{—}MgBr$$

bromoéthane

$$\downarrow H_3O^+ \qquad\qquad\qquad\qquad\qquad\qquad \downarrow \begin{array}{l}1)\ CO_2 \\ 2)\ H_3O^+\end{array}$$

$$CH_3\text{—}CH_2\text{—}CO_2H \qquad\qquad\qquad\qquad CH_3\text{—}CH_2\text{—}CO_2H$$

acide propionique acide propionique

4.

$$CH_3\text{—}[CH_2]_2\text{—}\overset{\overset{O}{\|}}{C}\text{—}O\text{—}\overset{\overset{CH_3}{|}}{CH}\text{—}CH_3 \xrightarrow{K^+OH^-} CH_3\text{—}[CH_2]_2\text{—}\overset{\overset{O^-K^+}{|}}{\underset{OH}{C}}\text{—}O\text{—}\overset{\overset{CH_3}{|}}{CH}\text{—}CH_3$$

butanoate d'isopropyle

4. (suite)

$$CH_3-[CH_2]_2-\overset{\overset{\displaystyle O}{\|}}{C}-O-H$$

$+$

$$CH_3-\overset{\overset{\displaystyle CH_3}{|}}{CH}-O^-\ K^+$$

$$CH_3-[CH_2]_2-\overset{\overset{\displaystyle O}{\|}}{C}-O^-\ K^+$$

$+$

$$CH_3-\overset{\overset{\displaystyle CH_3}{|}}{CH}-OH$$

5. a) $CH_3-CH_2-\overset{\overset{\displaystyle }{|}}{\underset{\underset{\displaystyle OH}{|}}{CH}}-CH_2-CH_2-CH_3$ hexan-3-ol

H_2SO_4 | conc.

$$CH_3-CH_2-CH=CH-CH_2-CH_3 \xrightarrow{KMnO_4} 2\ CH_3-CH_2-CO_2H$$
acide propionique

b) $CH_3-CH_2-\overset{\overset{\displaystyle O}{\|}}{C}-CH_3 \xrightarrow[NaOH]{I_2} CH_3-CH_2-CO_2^-\ Na^+\ +\ CHI_3$
butanone

$\downarrow H^+$

$$CH_3-CH_2-CO_2H$$

c) $CH_3-CH_2-CN \xrightarrow[\Delta]{H_3O^+} CH_3-CH_2-CO_2H$
propionitrile

d) $CH_2=CH_2 \xrightarrow{HBr} CH_3-CH_2-Br \xrightarrow{Mg} CH_3-CH_2-MgBr$
éthylène

$\downarrow$ 1) CO_2
  2) H_3O^+

$$CH_3-CH_2-CO_2H$$

e) $CH_3-CH_2-\overset{\overset{\displaystyle O}{\|}}{C}-O-CH_3 \underset{\longleftarrow}{\overset{H_3O^+}{\rightleftharpoons}} CH_3-CH_2-CO_2H\ +\ CH_3OH$
propionate de méthyle   ou par saponification
suivie d'une acidification

f) $CH_3-CH_2-\overset{\overset{\displaystyle O}{\|}}{C}-NH_2 \overset{H_3O^+}{\rightleftharpoons} CH_3-CH_2-CO_2H$
propionamide

6. A $CH_3-CH_2-CH_2-\overset{\overset{\displaystyle O}{\|}}{C}-Cl$

C $H-\overset{\overset{\displaystyle O}{\|}}{C}-O-CH_2-CH_3$

B $CH_3-\overset{\overset{\displaystyle O}{\|}}{C}-O-\overset{\overset{\displaystyle O}{\|}}{C}-CH_3$

D ⬡$-\overset{\overset{\displaystyle O}{\|}}{C}-NH_2$

7. $CH_3-\overset{\overset{\displaystyle O}{\|}}{C}-Cl \;+\; H-\overset{..}{\underset{..}{O}}: \longrightarrow CH_3-\overset{\overset{\displaystyle \bar{O}}{}}{\underset{\underset{H}{\overset{+}{O}-H}}{C}}-Cl \longrightarrow$

chlorure d'acétyle

$H_3O^+ \;+\; CH_3-\overset{\overset{\displaystyle O}{\|}}{C}-OH \longleftarrow CH_3-\overset{\overset{\displaystyle O}{\|}}{\underset{\underset{H}{\overset{+}{O}-H}}{C}} \;+\; Cl^-$

acide acétique　　　　　　　　　　　$H_2\overset{..}{\underset{..}{O}}:$

Réactivité des acides carboxyliques

11.5 à 11.8 Transformation des acides carboxyliques

1. a) ⬡$-\overset{\overset{\displaystyle O}{\|}}{C}-O-C_2H_5$

d) ⬡$-\overset{\overset{\displaystyle O}{\|}}{C}-O^- \; Na^+$

b) ⬡$-\overset{\overset{\displaystyle O}{\|}}{C}-$⬡

e) Aucune réaction; il se dissocie légèrement:

⬡$-\overset{\overset{\displaystyle O}{\|}}{C}-O^- \;+\; H_3O^+$

c) ⬡$-\overset{\overset{\displaystyle O}{\|}}{C}-Cl$

2. c > b > a >> d

L'acide **c** est le plus fort parce que le chlore est plus près du carboxyle.

L'acide **b** est un peu plus faible que **c** parce que le chlore est plus éloigné du carboxyle, mais plus fort que **a** parce que le chlore est plus électronégatif que le brome.

L'acide **d** est beaucoup plus faible que les trois autres parce que l'effet inductif répulsif du propyle nuit à l'acidité.

3. a) Rendre la solution basique pour former le sel.

   b) Acidifier le milieu.

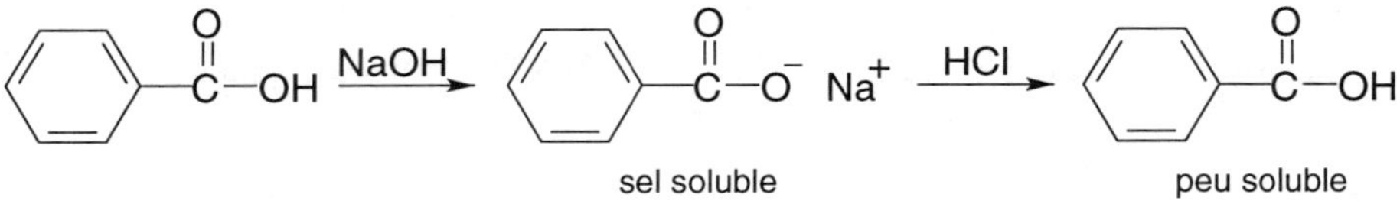
NaOH
HCl
sel soluble
peu soluble

4. C'est une réaction d'équilibre dont la valeur de Kc est petite; donc, les rendements sont faibles.

5. **A** $HO_2C{-}CO_2H$

   B HCO_2H

   C 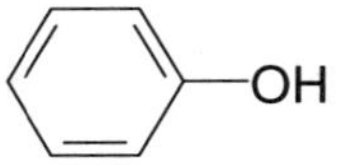

   D 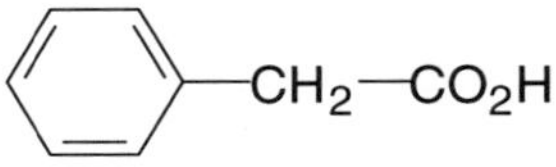

Dérivés d'acides carboxyliques

11.9 Substitution nucléophile sur un carbonyle

1. 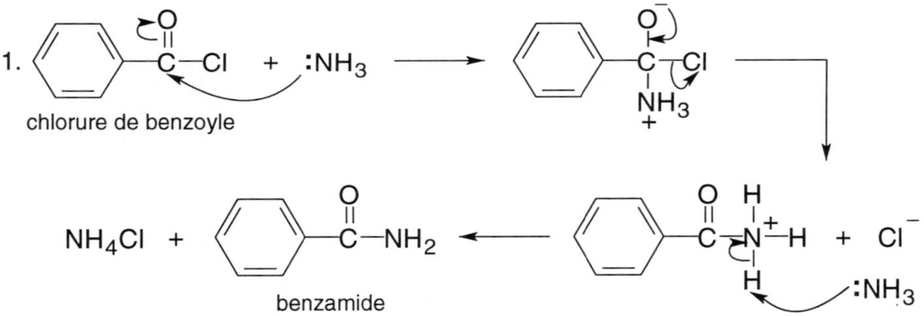
chlorure de benzoyle
benzamide

2. **A** 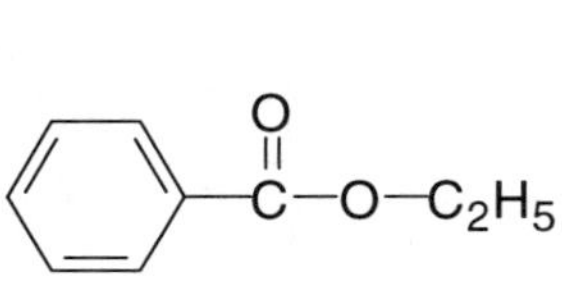

   B 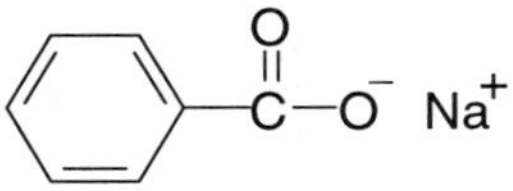

   C $CH_3{-}CH_2{-}OH$

   D 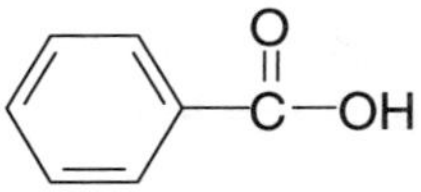

2. (suite)

E $HO_2C-CH_2-CH_2-\overset{\overset{O}{\|}}{C}-O-C_2H_5$ **G** $CH_3-CH_2-\overset{\overset{O}{\|}}{C}-O-\overset{\overset{O}{\|}}{C}-CH_3$

F (phényle)$-\overset{\overset{O}{\|}}{C}-NH-CH_2-CH_3$

H $CH_3-CH_2-CO_2H$

I CH_3-CO_2H

3. $CH_3-\overset{\overset{O}{\|}}{C}-O-\overset{\overset{O}{\|}}{C}-CH_3 + CH_3\overset{-}{O}) \; Na^+ \longrightarrow CH_3-\overset{\overset{O^-}{\|}}{\underset{O-CH_3}{C}}-O-\overset{\overset{O}{\|}}{C}-CH_3$

anhydride acétique   méthanolate
de sodium

$CH_3-\overset{\overset{O}{\|}}{C}-\overset{-}{O} \; \overset{+}{Na} + CH_3-\overset{\overset{O}{\|}}{C}-O-CH_3$

acétate de méthyle

11.10 à 11.14 État physique, synthèse et réactivité

---

1. Avec les chlorures d'acides, il faut toujours travailler dans un milieu parfaitement anhydre; ils s'hydrolysent très facilement.

2. Les fruits, les plantes et les animaux contiennent des esters sous différentes formes: arômes, huiles et graisses.

3. Un acide gras possède souvent 16 à 18 carbones et forme la structure de base d'un lipide (gros ester). L'acide palmitique en est un exemple:

$$CH_3-[CH_2]_{14}-CO_2H$$
acide palmitique

4. Un savon est un sel d'acide gras (généralement de sodium ou de potassium).

5. La molécule d'acétate de sodium est trop courte pour constituer un savon. Bien sûr, c'est un sel d'acide carboxylique mais pour agir comme savon, il lui faut une longue chaîne carbonée (16 à 18 carbones) pour lui permettre de dissoudre les graisses (les saletés insolubles dans l'eau). (Pour plus de détails, voir Complément A).

6. **A** (phényle)$-\overset{\overset{O}{\|}}{C}-O-\overset{\overset{O}{\|}}{C}-$(phényle)   **B** $HO-CH_2-[CH_2]_3-\overset{\overset{O}{\|}}{C}-\overset{-}{O} \; Na^+$

6. (suite)

C $HO-CH_2-[CH_2]_3-\overset{\overset{\displaystyle O}{\|}}{C}-OH$

D $CH_3-\overset{\overset{\displaystyle O}{\|}}{C}-\overset{-}{O}\ \overset{+}{Na}$

E CH_3-NH_2

F $CH_3-\overset{\overset{\displaystyle O}{\|}}{C}-OH$

G $CH_3-\overset{+}{N}H_3\ \overset{-}{Cl}$

H $\langle\ \rangle-CH_2-NH_2$

7. a) $CH_3-CH_2-OH \xrightarrow{HBr} CH_3-CH_2-Br \xrightarrow{Mg} CH_3-CH_2-MgBr$
   éthanol

$\Big\downarrow \begin{array}{l}1)\ CO_2 \\ 2)\ H_3O^+\end{array}$

$CH_3-CH_2-\overset{\overset{\displaystyle O}{\|}}{C}-Cl \xleftarrow{PCl_5} CH_3-CH_2-CO_2H$

$\overset{EtOH}{\Big\downarrow}$

$CH_3-CH_2-\overset{\overset{\displaystyle O}{\|}}{C}-OEt$
propionate d'éthyle

b) $2\,CH_3-CH_2-OH \xrightarrow{KMnO_4} 2\,CH_3-CO_2H \xrightarrow[\Delta]{P_2O_5} CH_3-\overset{\overset{\displaystyle O}{\|}}{C}-O-\overset{\overset{\displaystyle O}{\|}}{C}-CH_3$
anhydride acétique

c) $CH_3-CO_2H \xrightarrow{PCl_5} CH_3-\overset{\overset{\displaystyle O}{\|}}{C}-Cl \xrightarrow{NH_3} CH_3-\overset{\overset{\displaystyle O}{\|}}{C}-NH_2$
   obtenu en (b)   acétamide

8.

2-méthylphénol → (KMnO₄) → acide

$2\,CH_3-CH_2-OH \xrightarrow{KMnO_4} 2\,CH_3-CO_2H \xrightarrow[\Delta]{P_2O_5} CH_3-\overset{\overset{\displaystyle O}{\|}}{C}-O-\overset{\overset{\displaystyle O}{\|}}{C}-CH_3$

$+\ CH_3-\overset{\overset{\displaystyle O}{\|}}{C}-O-\overset{\overset{\displaystyle O}{\|}}{C}-CH_3 \xrightarrow{H^+}$

aspirine

Composés dicarbonylés

11.15 et 11.16 Les acides dicarboxyliques et les β-dicarbonylés

1. L'acide malonique est plus acide à cause de la présence d'une deuxième fonction acide carboxylique exerçant un effet inductif attractif assez fort pour influencer l'acidité de l'autre fonction acide.

2. **A**

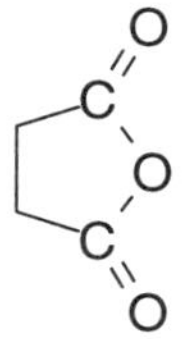

B $HO_2C-CH_2-CH_2-CO_2CH_3$

C

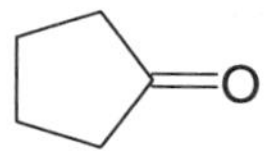

D

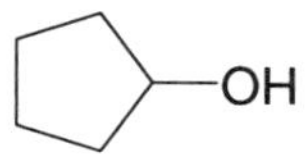

E

F $HO_2C-[CH_2]_3-CO_2H$

G $EtO_2C-CH_2-CO_2Et$

H $EtO_2C-\overset{-}{C}H-CO_2Et \quad Na^+$

I $EtO_2C-\underset{CH_3}{CH}-CO_2Et$

J $HO_2C-\underset{CH_3}{CH}-CO_2H$

K $CH_3-CH_2-CO_2H$

L

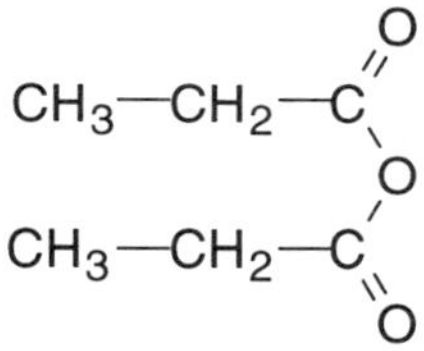

3.

acétophénone

+ EtOH   une β-dicétone

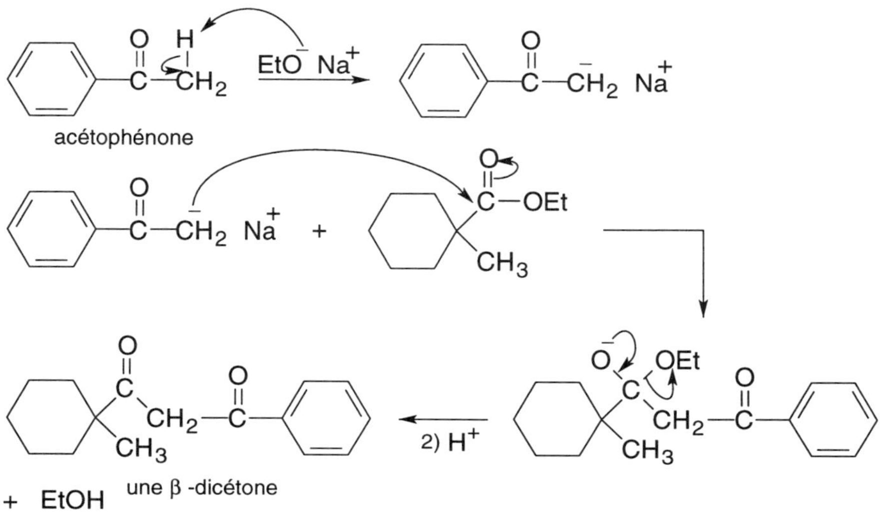

Exercices complémentaires

1. **A** CH$_3$—CH(CH$_3$)—C(=O)—NH—C$_6$H$_5$

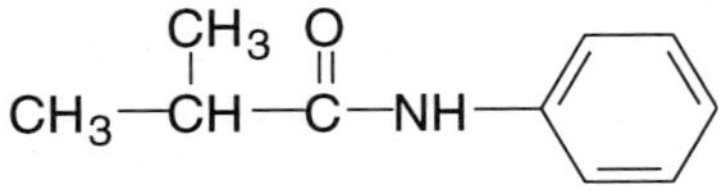

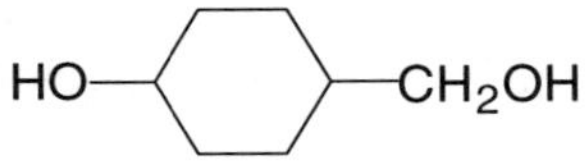

B HO—⬡—CH$_2$OH

C HO—CH(CH$_3$)—C$_6$H$_5$

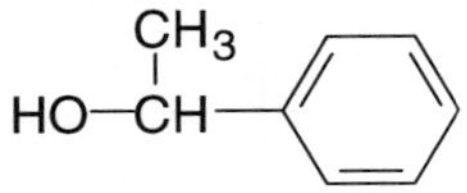

D HO—CH$_2$—CH(CH$_3$)—[CH$_2$]$_2$—CO$_2^-$ Na$^+$

E H$_3$C—⬡—CH$_2$—C(OH)(Et)—Et

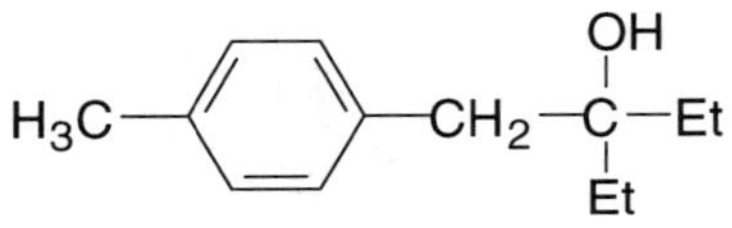

F CH$_3$OH

G SOCl$_2$

H CH$_3$—CH$_2$—C(=O)—O—C(=O)—CH$_2$—C$_6$H$_5$

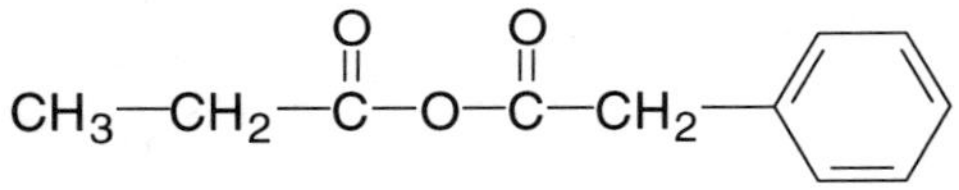

I CH$_3$—[CH$_2$]$_2$—C(=O)—O—C(=O)—[CH$_2$]$_2$—CH$_3$

J CH$_3$—[CH$_2$]$_4$—C(=O)—[CH$_2$]$_4$—CH$_3$

K CH$_3$—CH$_2$—C(=O)—O—C(=O)—CH$_2$—CH$_3$

L C$_6$H$_5$—CH$_2$—C(=O)—Cl

M NH$_3$

N CH$_3$—CH(CH$_3$)—C(=O)—NH$_2$

O CH$_3$—CH$_2$—CH$_2$—CO$_2$H

P CH$_3$—CH(CN)—CH$_3$

Q CH$_3$—CH(CO$_2$H)—CH$_3$

R H$_3$C—(lactone cyclique)

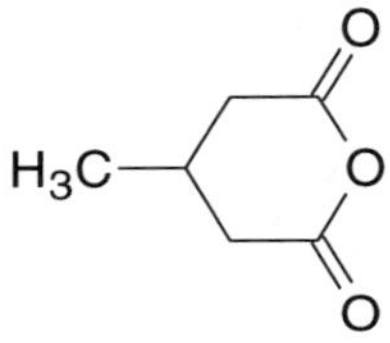

S CH$_3$—CH(CH$_2$—CO$_2$CH$_3$)—CH$_2$—CO$_2$H

T CH$_3$—CH(CH$_2$—CH$_2$OH)—CH$_2$—CO$_2$H

U CH$_3$OH

2. a) $CH_2{=}CH_2$ $\xrightarrow{Br_2}$ $\overset{\overset{Br}{|}}{CH_2}{-}\overset{\overset{Br}{|}}{CH_2}$ $\xrightarrow{NaCN}$ $\overset{\overset{CN}{|}}{CH_2}{-}\overset{\overset{CN}{|}}{CH_2}$

éthylène

$\downarrow{}^{H_3O^+}_{\Delta}$

$HO_2C{-}CH_2{-}CH_2{-}CO_2H$
acide succinique

b) $CH_3{-}CH_2{-}CH_2{-}CH_2OH$ $\xrightarrow[conc.]{H_2SO_4}$ $CH_3{-}CH_2{-}CH{=}CH_2$

butan-1-ol

$\downarrow{}^{HBr}$

$CH_3{-}CH_2{-}CH_3{-}CH_3$

$CH_3{-}CH_2{-}\underset{\underset{CO_2H}{|}}{CH}{-}CH_3$ $\xleftarrow[\substack{3)\ H_3O^+}]{\substack{1)\ Mg \\ 2)\ CO_2}}$ $CH_3{-}CH_2{-}\underset{\underset{Br}{|}}{CH}{-}CH_3$

acide 2-méthylbutanoïque

c) $CH_3{-}CH_2{-}CH_2{-}OH$ $\xrightarrow[350°C]{\substack{Cu \\ \Delta}}$ $CH_3{-}CH_2{-}\overset{\overset{O}{\|}}{C}{-}H$

propan-1-ol

$\downarrow{}^{1)\ CH_3MgBr}_{2)\ H_2O}$

$CH_3{-}CH_2{-}\underset{\underset{OH}{|}}{CH}{-}CH_3$
butan-2-ol

d) $\underset{\underset{CO_2H}{|}}{\overset{\overset{CO_2H}{|}}{CH_2}}$ $\xrightarrow[H^+]{EtOH}$ $\underset{\underset{CO_2Et}{|}}{\overset{\overset{CO_2Et}{|}}{CH_2}}$ $\xrightarrow{EtO^-\ Na^+}$ $Na^+\ \underset{\underset{CO_2Et}{|}}{\overset{\overset{CO_2Et}{|}}{{}^-CH}}$

acide
malonique

$CH_3{-}[CH_2]_3{-}Br$
1-bromobutane

$EtOH$ $\xrightarrow{Na}$ $EtO^-\ Na^+$
éthanol

$CH_3{-}[CH_2]_3{-}\underset{\underset{CO_2H}{|}}{\overset{\overset{CO_2H}{|}}{CH}}$ $\xleftarrow{H_3O^+}$ $CH_3{-}[CH_2]_3{-}\underset{\underset{CO_2Et}{|}}{\overset{\overset{CO_2Et}{|}}{CH}}$

$\downarrow{}^{\Delta}$

$CH_3{-}[CH_2]_4{-}CO_2H$ $+$ CO_2
acide hexanoïque

2. (suite)

e) benzène $\xrightarrow[\text{FeBr}_3]{\text{Br}_2}$ (bromobenzène, Br) $\xrightarrow[\text{3) H}_3\text{O}^+]{\begin{array}{l}\text{1) Mg}\\\text{2) CO}_2\end{array}}$ acide benzoïque (CO_2H)

3. a) $CH_3{-}CH{=}CH{-}CH_2{-}CH_2{-}CH_3$

b) $CH_3{-}CH{=}CH{-}CH_3$

c) $CH_3{-}CH_2{-}CH_2{-}CH_2{-}CH_2{-}CH{=}C{-}CH_2{-}CH_3$
$\qquad\qquad\qquad\qquad\qquad\quad|$
$\qquad\qquad\qquad\qquad\qquad CH_2{-}CH_3$

4. Placer le mélange dans une ampoule à décanter avec de l'éther; tout est soluble dans l'éther. Ajouter une solution aqueuse d'hydroxyde de sodium et agiter. L'acide benzoïque se transforme en sel et passe dans la phase aqueuse. Répéter deux fois et réunir les phases aqueuses. Acidifier la phase aqueuse avec de l'acide chlorhydrique pour récupérer l'acide benzoïque, il précipitera. Filtrer pour isoler l'acide benzoïque. Sécher la phase éthérée sur du sulfate de magnésium, filtrer, puis évaporer l'éther pour isoler le naphtalène solide.

5. **A** (benzène)$-CO_2H$

B (benzène)$-CO_2Et$

C (benzène)$-CH_2{-}OH$

D $CH_3{-}CH_2{-}OH$

E $CH_3{-}CO_2H$

F (benzène)$-CH_2{-}Br$

G (benzène)$-CH_2{-}CN$

H (benzène)$-CH_2{-}\overset{\displaystyle O}{\overset{\|}{C}}{-}NH_2$

I (benzène)$-CH_2{-}\overset{\displaystyle O}{\overset{\|}{C}}{-}OH$

J (benzène)$-CH_2{-}C{\Big\langle}^O_O{-}$ / $-C{-}CH_2$(benzène), $\overset{\displaystyle O}{\overset{\|}{C}}$

K (benzène)$-\overset{\displaystyle O}{\overset{\|}{C}}{-}Cl$

L (benzène)$-\overset{\displaystyle O}{\overset{\|}{C}}{-}H$

M (benzène)$-\overset{\displaystyle O}{\overset{\|}{C}}{-}O^-\ K^+$

N même que **C**

O même que **A**

6. a) CH_3-CH_2-OH $\xrightarrow{HBr}$ CH_3-CH_2-Br $\xrightarrow[\text{3) } H_3O^+]{\text{1) Mg} \atop \text{2) } CO_2}$ $CH_3-CH_2-CO_2H$

éthanol

$\updownarrow$ EtOH H$^+$

$CH_3-CH_2-CO_2Et$

propionate d'éthyle

b) CH_3-CH_2-Br $\xrightarrow{Mg}$ CH_3-CH_2-MgBr $\xrightarrow{}$ 1) $CH_3-CH_2-CO_2Et$

obtenu en (a)   obtenu en (a)

2) H_2O

$CH_3-CH_2-\overset{\overset{\displaystyle Et}{|}}{\underset{\underset{\displaystyle Et}{|}}{C}}-OH$

3-éthylpentan-3-ol

c) $CH_3-CH_2-CO_2Et$ $\xrightarrow{LiAlH_4}$ $CH_3-CH_2-CH_2-OH$

obtenu en (a)

H_2SO_4 | conc.

$CH_3-\overset{\overset{\displaystyle OH}{|}}{CH}-CH_3$ $\xleftarrow[\text{dilué}]{H_2SO_4}$ $CH_3-CH=CH_2$

propan-2-ol

d) $CH_3-CH_2-CH_2-OH$ $\xrightarrow[\text{2) Mg}]{\text{1) HBr}}$ $CH_3-CH_2-CH_2-MgBr$

obtenu en (c)

Cu | 300°C

$CH_3-CH_2-\overset{\overset{\displaystyle O}{\|}}{C}-H$ $\xrightarrow[\text{2) } H_2O]{\text{1) } C_3H_7-MgBr}$ $CH_3-CH_2-\overset{\overset{\displaystyle OH}{|}}{CH}-CH_2-CH_2-CH_3$

$KMnO_4$

$CH_3-CH_2-\overset{\overset{\displaystyle O}{\|}}{C}-CH_2-CH_2-CH_3$

hexan-3-one

6. e) $CH_3-CH-OH$ $\xrightarrow[\text{2) Mg}]{\text{1) HBr}}$ $CH_3-CH-MgBr$
     CH_3 CH_3

obtenu en (c)

$\begin{array}{c}\text{1) } CO_2 \\ \text{2) } H_3O^+\end{array}$

$CH_3-CH-\overset{\overset{\displaystyle O}{\|}}{C}-O-CH-CH_3$ $\xleftarrow[H^+]{(CH_3)_2CH-OH}$ $CH_3-CH-CO_2H$
     CH_3 CH_3 CH_3

2-méthylpropanoate d'isopropyle

f) CH_3-CH_2-OH $\xrightarrow[300°C]{Cu}$ $CH_3-\overset{\overset{\displaystyle O}{\|}}{C}-H$

NaOH

$CH_3-\overset{\overset{\displaystyle OH}{|}}{CH}-CH_2-\overset{\overset{\displaystyle O}{\|}}{C}-H$

3-hydroxybutanal

g) $CH_3-\overset{\overset{\displaystyle O}{\|}}{C}-H$ + CH_3-CH_2-MgBr $\xrightarrow{\text{2) } H_2O}$ $CH_3-\overset{\overset{\displaystyle OH}{|}}{CH}-CH_2-CH_3$

obtenu en (f)   obtenu en (b)

H_2SO_4 | conc.

$CH_3-CH=CH-CH_3$

but-2-ène

h) CH_3-CH_2-OH $\xrightarrow{KMnO_4}$ CH_3-CO_2H $\underset{H^+}{\overset{EtOH}{\rightleftharpoons}}$ CH_3-CO_2Et

$2\ CH_3-CO_2Et$ $\xrightarrow[\text{2) } H^+]{\text{1) } EtO^-\ Na^+}$ $CH_3-\overset{\overset{\displaystyle O}{\|}}{C}-CH_2-CO_2Et$

3-oxobutanoate d'éthyle

7. a) $CH_3-CH_2-O-\overset{O}{\overset{\|}{C}}-C_6H_5 \xrightarrow{Na^+\ OH^-}$ CH$_3$—CH$_2$—O—C—C$_6$H$_5$, OH

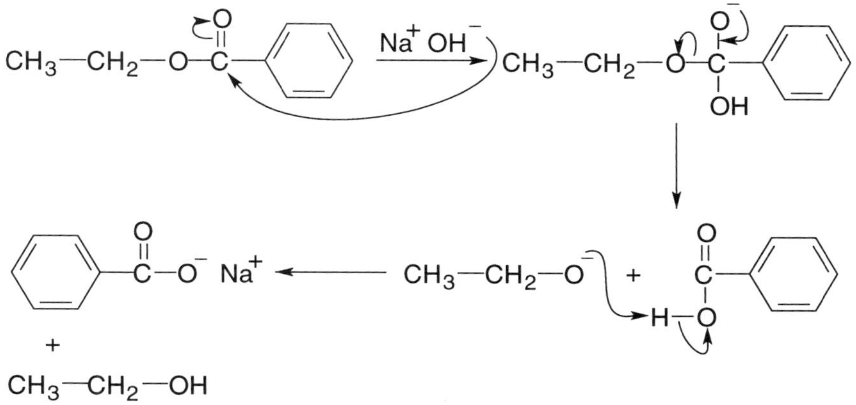

$C_6H_5-\overset{O}{\overset{\|}{C}}-O^-\ Na^+ \longleftarrow CH_3-CH_2-O^- + H-O-\overset{O}{\overset{\|}{C}}-C_6H_5$

$+$

CH_3-CH_2-OH

b) anhydride succinique $+ :\overset{H}{\underset{H}{O}}-H \longrightarrow$

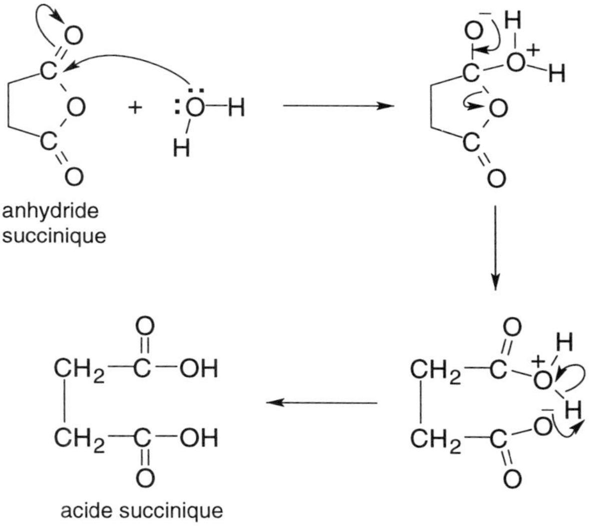

acide succinique

$$\text{---------}\ *\ \text{---------}$$

LES GLUCIDES

12

12.1 Généralités

1. $C_{12}H_{22}O_{11}$ et $C_6H_{12}O_6$ sont des glucides.

2. Le glycéraldéhyde:

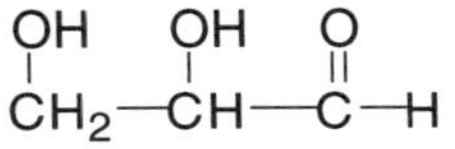

$$\underset{CH_2-CH-C-H}{\overset{OH \quad\; OH \quad\; O}{}}$$

3. Saccharose, glucose, fructose, cellulose etc.

Classification et structure

12.2 à 12.4 Classification et structure

1.

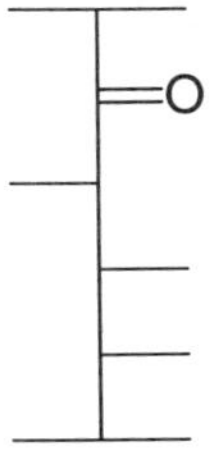

a) un cétohexose,
le D-fructose

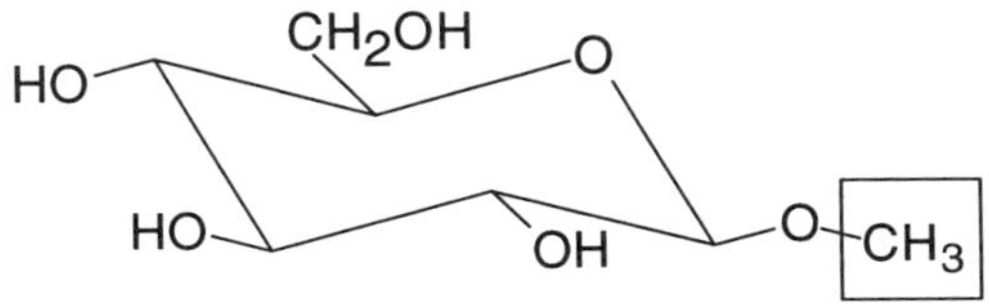

b) un oside dont l'aglycone
est un groupe méthyle

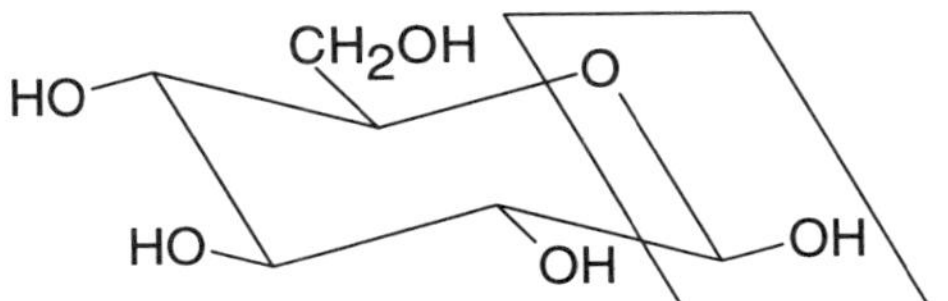

c) un hexose qui contient
un hémiacétal

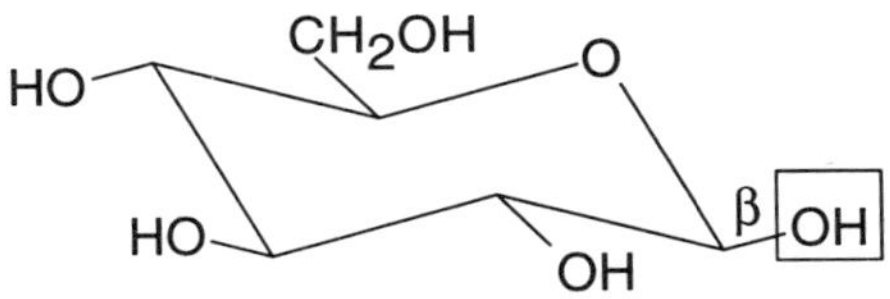

d) un β -pyranose

1. (suite)

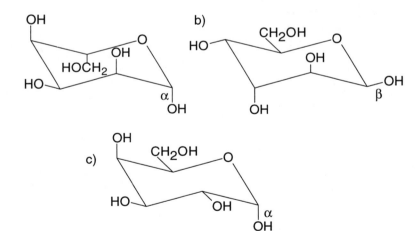

e) un disaccharide,
le saccharose

2. La mutarotation est la propriété d'avoir un pouvoir rotatoire variable dans le temps.

3. Dans la forme β du glucose, le OH sur le carbone 1 (anomère) est en position équatoriale; donc, avec le minimum d'encombrement stérique.

4. Un carbone anomère est celui sur lequel il y a une fonction hémiacétal ou acétal. Exemple:

carbone anomère

5. a)   b)

c)

6. a) β -D-allopyranose

   b) α -L-galactopyranose.

7. a) Vrai;   d) vrai;
   b) faux, il y a un hémiacétal;   e) vrai;
   c) faux;   f) vrai mais peu stable.

8. a et c (D-allose)
   b, e et g (D-mannose)
   d et f (L-mannose)
   h (D-fructose)

Les oses (monosaccharides)

12.5 Réactivité du carbonyle

1.

A. Benzaldéhyde	B. D-galactose

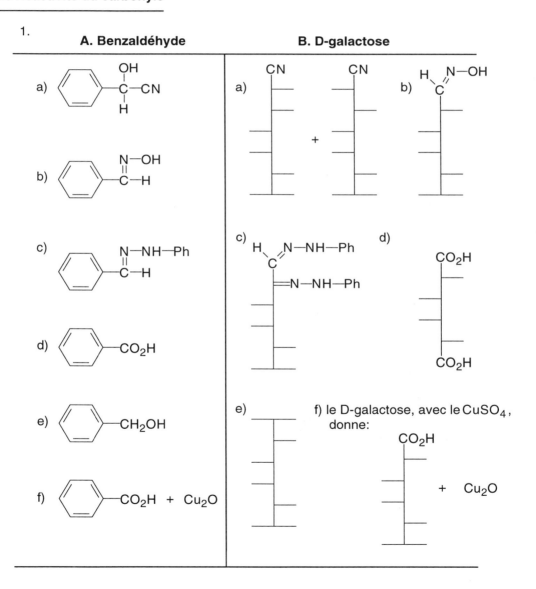

2. a)

CN CN

NaCN
Na₂CO₃
H₂O

D-thréose

+

H₃O⁺

CO₂H

−H₂O

O=C

1) Na (Hg)
2) H⁺

H–C=O

D-xylose

b) En continuant la synthèse de Kiliani avec les deux isomères nitriles, on obtiendrait le D-lyxose en plus du D-xylose.

c) Par la synthèse de Kiliani, il est impossible d'obtenir le D-ribose à partir du D-thréose puisqu'ils n'ont pas la même configuration sur les deux derniers carbones asymétriques.

3.

L-gulose

NH₂OH

H–C=N–OH

−H₂O

CN

Ag₂O

L-xylose

4. Le D-allose ou le D-altrose.

5. Le D-galactose.

6. Un sucre est réducteur s'il réagit positivement avec une solution de Fehling. Il doit posséder une fonction aldéhyde ou une fonction cétone α-hydroxylée.

7. a)

CO₂H
H——OH
H——OH
CO₂H

b) Le D
ou
le L-érythrose:

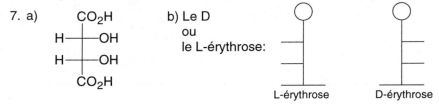

L-érythrose   D-érythrose

8. Seul le composé c est *méso* .

9. a)

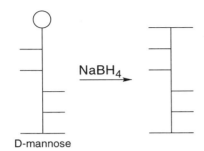

D-mannose

b)

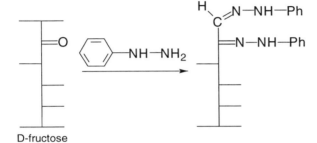

D-fructose

c)

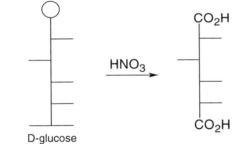

D-glucose

12.6 Réactivité des fonctions alcool

1. a)

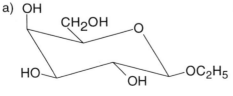

b)

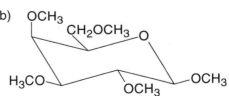

1. (suite) c)

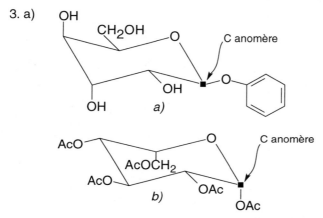

2. a) phényl-β -D-gulopyranoside

b) pentaacétate du α -L-idopyranose.

3. a)

b) Ils ne sont pas réducteurs. Leur carbone anomère est bloqué par l'acétal; donc, pas d'équilibre avec la forme aldéhydique.

Les osides

12.7 et 12.8 Les hétérosides et les holosides

1. a)

b) La maltase parce que l'aglycone est en position α.

2. Un holoside est un oside constitué de deux ou de plusieurs oses.

3. Le lien des deux oses doit se faire au niveau de l'oxygène des deux carbones anomères de façon à ce qu'il n'y ait pas d'hémiacétal sur aucun des oses.

4. a) Elles sont toutes les deux formées d'unités D-glucose.

   b) Dans la cellulose, les liens entre les unités glucose sont de type β alors qu'ils sont de type α dans l'amylose.

   c) La cellulose peut être hydrolysée par l'émulsine.

5. Le D-glucose et le D-fructose.

6. a)

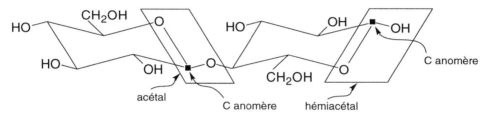

acétal   C anomère   hémiacétal   C anomère

   b) L'émulsine.

   c)

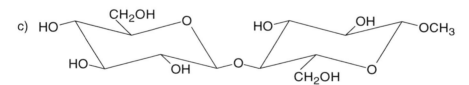

7. Dans l'amylopectine, il y a deux sortes de liens entre les glucoses:
   - liens 1,4 pour former les chaînes,
   - liens 1,6 pour relier les chaînes par le carbone 1 en bout de chaîne et le carbone 6 d'une chaîne voisine.

8. À partir de la cellulose, on peut préparer: la nitrocellulose, l'acétate de cellulose, la cellophane et la rayonne viscose.

9. a) Le sucre inverti est un mélange équimoléculaire de D-glucose et de D-fructose obtenu par hydrolyse du saccharose.

   b) Le sucre inverti est globalement plus sucré que le saccharose à cause de la présence du fructose, plus sucré.

   c) Le sucre inverti réagit très bien avec la solution de Fehling puisque le D-glucose et le D-fructose sont deux sucres réducteurs.

10. C'est le OH axial en position 4 du pyranose de gauche (le galactose) qui empêche le lactose de former de longues chaînes comme le fait si bien la cellobiose. En s'allongeant, le lactose aurait tendance à former de petits cycles de quelques unités de glucose seulement.

Exercices complémentaires

1.

a)   b)   c)

d)   e)

2. a) Inactif et possède un total de 10 stéréoisomères;

b) actif et possède un total de 32 stéréoisomères;

c) actif et possède un total de 16 stéréoisomères;

d) actif et possède un total de 8 stéréoisomères;

e) actif et possède un total de 32 stéréoisomères.

3.

D-ribose

4. D-altrose, D-glucose, D-gulose, D-talose.

5.

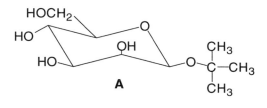

A

B

CH₃—C(CH₃)(CH₃)—OH

C

CH₃—C(CH₃)(CH₃)—Cl

D

CH₂=C(CH₃)CH₃

E

6.

A

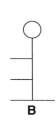

B

C

7.

CH₃OH

A

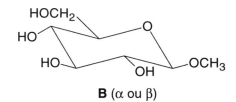

B (α ou β)

C

D

E

7. (suite)

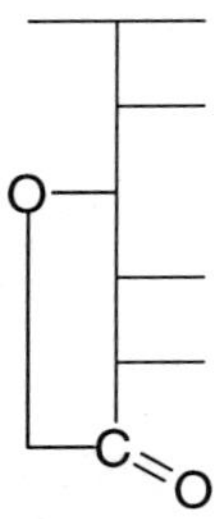

F

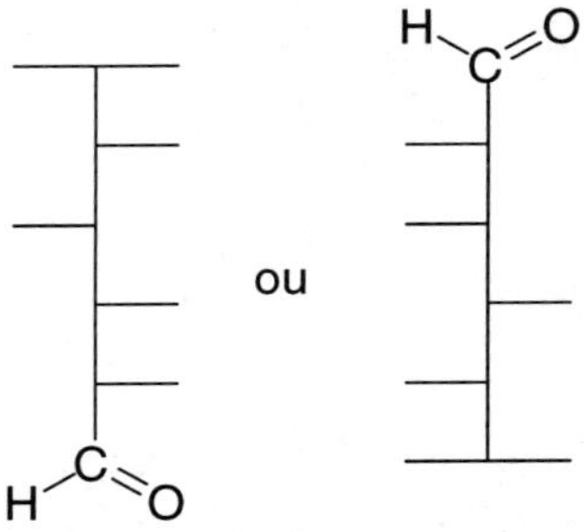

G
(L-gulose)

ou

——— ✳ ———

13.1 Généralités

1. a) 3-aminobutanal

   b) *N-t*-butylaniline ou *t*-butylphénylamine

   c) *N*-méthyl-4-amino-3-méthylbutan-2-one

   d) *N,N*-diméthyléthanamine ou éthyldiméthylamine

   e) pent-3-én-2-amine

   f) 4-aminobenzoate de méthyle ou *p*-aminobenzoate de méthyle

   g) acide 2-aminopropanoïque

   h) 2-aminophénol ou *o*-aminophénol

2. a) $CH_3-CH_2-CH_2-CH_2-NH-CH_3$ c) $HO-CH_2-CH_2-NH_2$

   b) H_2N-⬡$-CH_3$ d) ⬡$-\overset{+}{N}(CH_3)_3$ Cl^-

3. La cyclohexylamine est plus volatile parce qu'une amine forme des ponts hydrogène moins forts que ceux des alcools.

   ⬡$-NH_2$ ⬡$-OH$

   cyclohexylamine   cyclohexanol
   Éb 134°C   Éb 161°C

4. $NH-CH_3$ NH_2 $NH-CH_3$ NH_2

   ⬡   ⬡   ⬡   ⬡

   >   >>   >

   d   **b**   **c**   **a**

   amine   amine   amines aromatiques avec résonance
   secondaire   primaire

5. **A** CH$_3$—$\overset{+}{\underset{H}{N}}$H—CH$_3$ Cl$^-$ **C** H$_2$O

   D NaCl

   B CH$_3$—NH—CH$_3$

6. L'aniline passera dans l'eau en ajoutant de l'acide chlorhydrique:

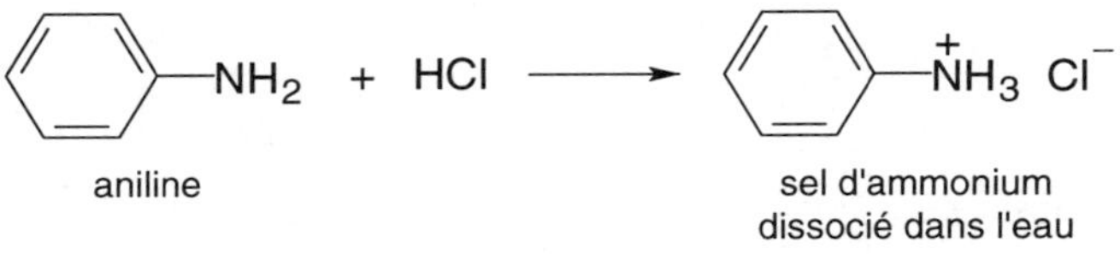

   aniline   sel d'ammonium
                                              dissocié dans l'eau

Synthèse des amines

13.2 à 13.4 Synthèse à partir de ...

1. **A** CH$_3$—CH—NH$_2$ **E** H$_3$C—⬡—NH$_2$
        |
        CH$_3$

   B CH$_3$—C═N—OH   **F** H$_3$C—⬡—NH$_2$
        |
        CH$_3$

   C CH$_3$—CH—NH$_2$ **G** ⬡—NH$_2$
        |
        CH$_3$

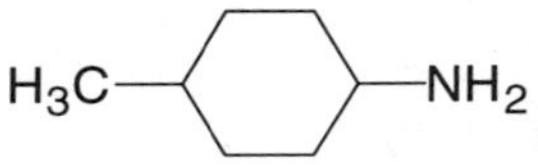

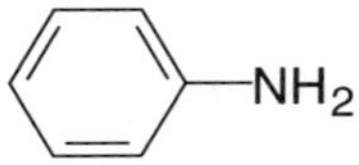

   D CH$_3$—CH—$\overset{+}{N}$H$_3$ Cl$^-$ **H** ⬡—CH$_2$—NH$_2$
        |
        CH$_3$

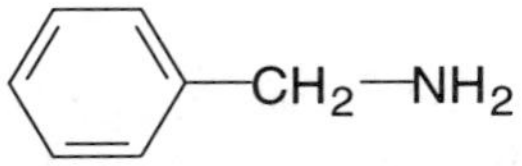

2. a) CH$_3$—CH$_2$—CH$_2$—Cl + NH$_3$ ⟶ CH$_3$—CH$_2$—CH$_2$—NH$_2$
      1-chloropropane   en excès   propan-1-amine

   b) CH$_3$—CH$_2$—$\overset{O}{\overset{\|}{C}}$—H $\xrightarrow{\text{NH}_2\text{OH}}$ CH$_3$—CH$_2$—$\overset{N-OH}{\overset{\|}{C}}$—H
      propanal   │ LiAlH$_4$
                                                          ↓
      ou │
         │ NH$_3$, H$_2$, Ni
         └─────────────⟶ CH$_3$—CH$_2$—CH$_2$—NH$_2$
                              propan-1-amine

2. (suite)

c $CH_2=CH_2 \xrightarrow{HCN} CH_3-CH_2-C\equiv N \xrightarrow{LiAlH_4} CH_3-CH_2-CH_2-NH_2$

éthylène   propan-1-amine

d) $CH_3-CH_2-CO_2H \xrightarrow{PCl_5} CH_3-CH_2-\overset{\overset{\displaystyle O}{\|}}{C}-Cl$

acide propanoïque

$\downarrow NH_3$

$CH_3-CH_2-CH_2-NH_2 \xleftarrow{LiAlH_4} CH_3-CH_2-\overset{\overset{\displaystyle O}{\|}}{C}-NH_2$

propan-1-amine

3.

KOH

$CH_3-\underset{\underset{\displaystyle CH_3}{|}}{CH}-Cl$

2-chloropropane

phtalate de   + $CH_3-\underset{\underset{\displaystyle CH_3}{|}}{CH}-NH_2 \xleftarrow{KOH}$
potassium

isopropylamine

4. La dégradation de Hofmann permet d'obtenir une amine **primaire** (uniquement) possédant **un carbone de moins** que l'amide de départ.

Réactivité des amines

13.5 à 13.8 Substitution, élimination, sels de diazonium et analyse qualitative

1. a) aniline $-NH_2 \xrightarrow[HCl]{NaNO_2}$ $-\overset{+}{N}_2 \ Cl^- \xrightarrow[\Delta]{H_2O}$ $-OH$ phénol

1. (suite)

b)

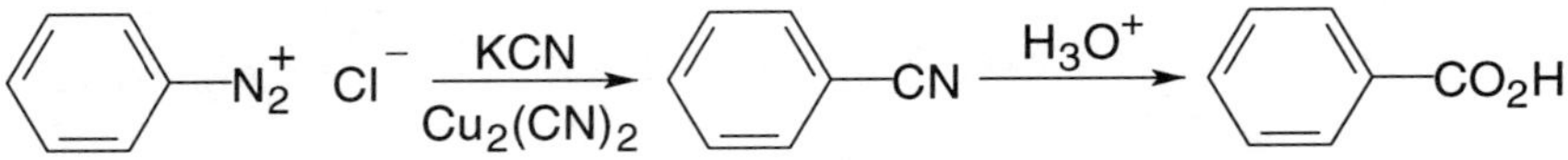

obtenu en (a) — acide benzoïque

c)

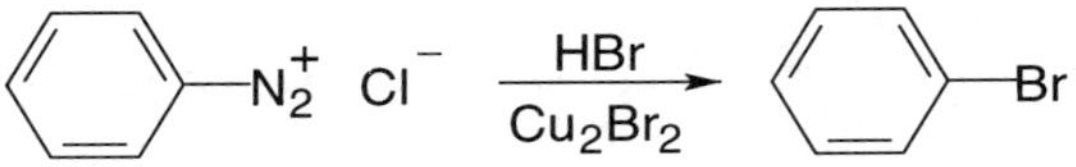

obtenu en (a) — bromobenzène

d)

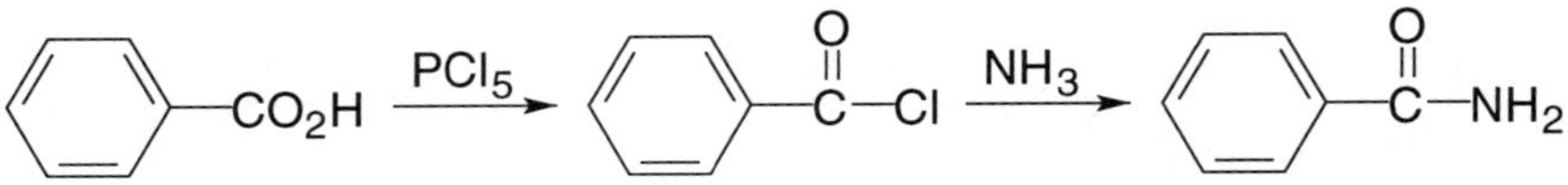

obtenu en (b) — benzamide

e)

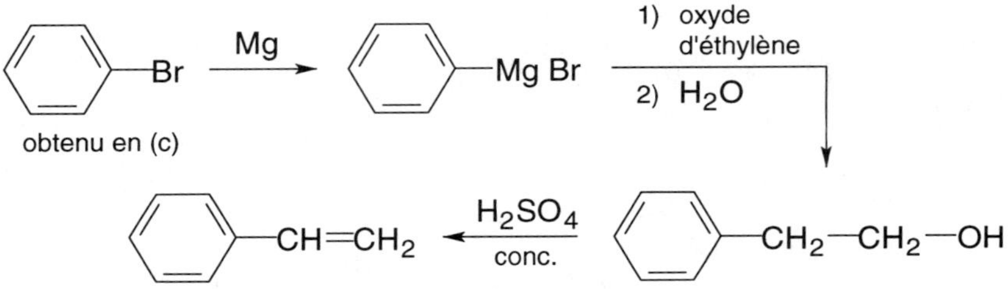

obtenu en (c)

styrène

f)

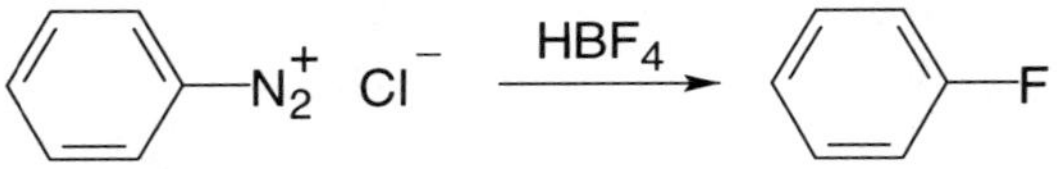

obtenu en (a) — fluorobenzène

2. **A**

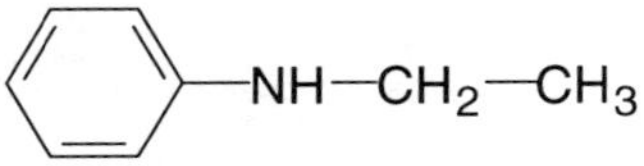

B $CH_3-\overset{\underset{|}{N(CH_3)_3}\ I^-}{\overset{|}{\underset{}{C}}}-CH_2-CH_3$

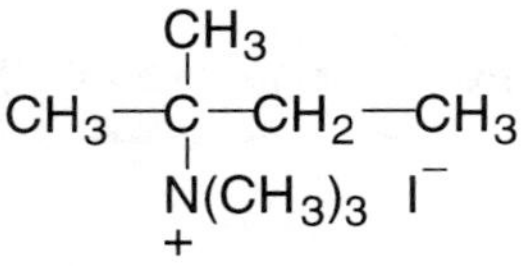

C $CH_2=\overset{\underset{|}{}}{\overset{CH_3}{C}}-CH_2-CH_3$

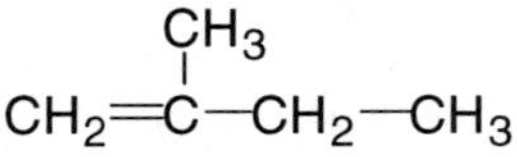

D $N(CH_3)_3$

E $CH_3-\overset{CH_3}{\underset{NH-C-CH_3}{C}}-CH_2-CH_3$

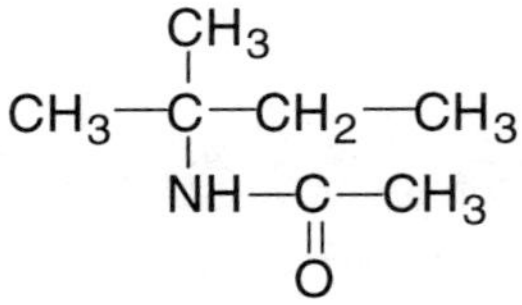

F même que **E**

G

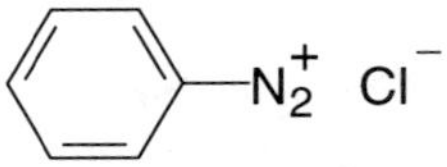

H

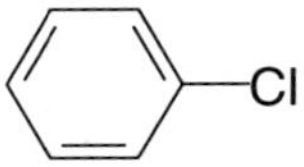

I

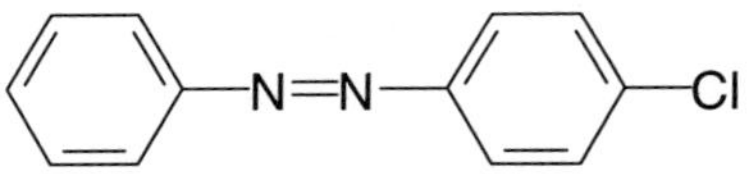

3. a) le chlorure de benzènesulfonyle.

b) $CH_3-CH_2-NH-CH_3$ +
    éthylméthylamine

le précipité demeure ←$\xrightarrow{NaOH}$←
          précipité

Exercices complémentaires

---

1. a) CH_3-CH_2-OH $\xrightarrow{KMnO_4}$ CH_3-CO_2H $\xrightarrow{PCl_5}$ $CH_3-\overset{O}{\overset{\|}{C}}-Cl$

    éthanol   ou

    ou | Cu à $\xrightarrow{SOCl_2}$ CH_3-CH_2-Cl | NH_3

        350°C NH_3 |en excès

$CH_3-\overset{O}{\overset{\|}{C}}-H$ $\xrightarrow[H_2, Ni]{NH_3}$ $CH_3-CH_2-NH_2$ ←$\xleftarrow{LiAlH_4}$ $CH_3-\overset{O}{\overset{\|}{C}}-NH_2$

               éthylamine

b) $-CO_2H$ $\xrightarrow{PCl_5}$ $-\overset{O}{\overset{\|}{C}}-Cl$ $\xrightarrow{NH_3}$ $-\overset{O}{\overset{\|}{C}}-NH_2$

    acide benzoïque Br_2 | $NaOH$

                                        $-NH_2$

                                           aniline

c) $-\overset{O}{\overset{\|}{C}}-NH_2$ $\xrightarrow{LiAlH_4}$ $-CH_2-NH_2$

    obtenu en (b)   benzylamine

1. d)

benzène $\xrightarrow[\text{H}_2\text{SO}_4]{\text{HNO}_3}$ $\bigcirc$—NO$_2$ $\xrightarrow[\text{HCl}]{\text{Sn}}$ $\bigcirc$—NH$_2$ aniline

2. a) diéthylamine ou *N*-éthyléthanamine

   b) chlorure de triméthylphénylammonium

   c) benzylphénylamine ou *N*-benzylaniline

   d) *N,N*-diméthyl-3-aminobutan-1-ol

   e) 2-nitroaniline ou *o*-nitroaniline

3. A CH$_3$—CH$_2$—CH—CH$_3$
                        |
                       NH$_2$

   B CH$_3$—CH$_2$—CH—CH$_3$
                        |
                       N(CH$_3$)$_3$ I$^-$
                       +

   C CH$_3$—CH$_2$—CH=CH$_2$

   D N(CH$_3$)$_3$

   E $\bigcirc$—NH$_2$

   F $\bigcirc$—N$_2^+$ Cl$^-$

   G $\bigcirc$

   H CH$_3$—[CH$_2$]$_2$—CH$_2$—NH$_2$

   I CH$_3$—[CH$_2$]$_3$—NH—$\overset{\text{O}}{\overset{\|}{\text{C}}}$—CH$_3$

   J CH$_3$—CH$_2$—$\overset{\text{CH}_3}{\underset{\text{NH—CH}_3}{\overset{|}{\underset{|}{\text{C}}}}}$—CH$_3$

   K CH$_3$—CH$_2$—$\overset{\text{CH}_3}{\overset{|}{\text{C}}}$—CH$_3$
                          |
                         N—CH$_3$
                          |
                      O=S=O
                          |
                      $\bigcirc$

   L CH$_3$—CH$_2$—$\overset{\text{CH}_3}{\overset{|}{\text{C}}}$—CH$_3$
                          |
                         N(CH$_3$)$_3$ I$^-$
                         +

   M CH$_3$—CH$_2$—$\overset{\text{CH}_3}{\overset{|}{\text{C}}}$=CH$_2$

   N CH$_3$—CH=$\overset{\text{CH}_3}{\overset{|}{\text{C}}}$—CH$_3$

4. a) $CH_3-CH=CH_2$ (propène) $\xrightarrow[\text{dilué}]{H_2SO_4}$ $CH_3-\underset{\underset{\displaystyle OH}{|}}{C}H-CH_3$ $\xrightarrow{KMnO_4}$ $CH_3-\underset{\underset{\displaystyle O}{\|}}{C}-CH_3$

$CH_3-\underset{\underset{\displaystyle NH_2}{|}}{C}H-CH_3$ (isopropylamine) $\xleftarrow[\text{H}_2,\text{ Ni}]{NH_3}$

b) $\langle\text{benzene}\rangle-NO_2$ (nitrobenzène) $\xrightarrow[\text{HCl}]{Sn}$ $\langle\text{benzene}\rangle-NH_2$ $\xrightarrow[\text{HCl}]{NaNO_2}$ $\langle\text{benzene}\rangle-N_2^+ \ Cl^-$

$\xrightarrow[\text{Cu}_2\text{Br}_2]{HBr}$

$\langle\text{benzene}\rangle-Br$ (bromobenzène)

c) $CH_3-CH_2-CH_2-Br$ (1-bromopropane) $\xrightarrow[\text{en excès}]{NH_3}$ $CH_3-CH_2-CH_2-NH_2$

$\xrightarrow[\substack{\text{avec l'amine}\\\text{en excès}}]{CH_3I}$

$CH_3-CH_2-CH_2-NH-CH_3$
N-méthylpropan-1-amine

d) $\langle\text{benzene}\rangle-\underset{\underset{\displaystyle O}{\|}}{C}-NH_2$ (benzamide) $\xrightarrow[\text{NaOH}]{Br_2}$ $\langle\text{benzene}\rangle-NH_2$ $\xrightarrow[\text{HCl}]{NaNO_2}$ $\langle\text{benzene}\rangle-N_2^+ \ Cl^-$

$\xrightarrow[\text{Cu}_2(\text{CN})_2]{KCN}$

$\langle\text{benzene}\rangle-CN$
benzonitrile

4. e)

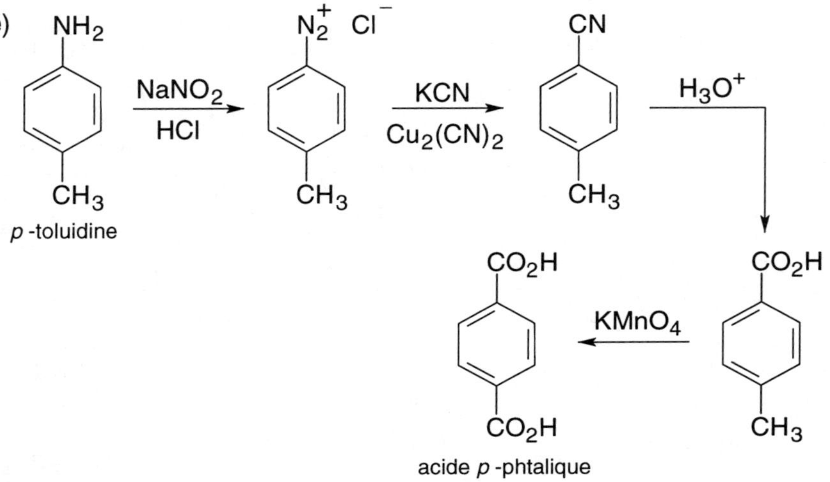

p-toluidine

$\xrightarrow[\text{HCl}]{\text{NaNO}_2}$

$\xrightarrow[\text{Cu}_2\text{(CN)}_2]{\text{KCN}}$

$\xrightarrow{\text{H}_3\text{O}^+}$

$\xleftarrow{\text{KMnO}_4}$

acide *p*-phtalique

———— ✳ ————

LES AMINOACIDES ET LES PROTÉINES

14

Les aminoacides

14.1 Présentation et structure

1. a) C'est le groupe G de l'aminoacide $G-CH-CO_2H$ avec NH_2

   • si G est neutre, l'aminoacide est neutre;
   • si G contient une fonction acide, l'aminoacide est acide;
   • si G contient une fonction amine, l'aminoacide est basique.

   b) $HO_2C-CH_2-CH-CO_2H$ avec NH_2 Voir tableau 14.1

      acide aspartique

2. La glycine est optiquement inactive: elle n'a pas de carbone asymétrique.

3. Un aminoacide essentiel est celui dont l'organisme ne peut faire la synthèse.

4. Cet acide n'est pas un α-aminoacide.

5. Un aminoacide **L** est celui dont la fonction amine est à gauche dans sa représentation de Fischer.

6. Bien qu'ionique, le zwitterion ne se dissocie pas dans l'eau; c'est d'ailleurs ce qui explique sa faible solubilité. Quant au chlorure de sodium, il se dissocie complètement et est très soluble (quoique sa solubilité soit limitée à environ 40 g / 100 g d'eau à 100 °C).

7. La valine: $CH_3-CH-CH-CO_2^-$ avec CH_3 et NH_3^+

8. a) $CH_3\!-\!\underset{\underset{NH_2}{|}}{CH}\!-\!CO_2^-$

   forme anionique
   à pH 9,00

   b) $CH_3\!-\!\underset{\underset{\overset{NH_3}{+}}{|}}{CH}\!-\!CO_2H$

   forme cationique
   à pH 1,00

9. $HO_2C\!-\!CH_2\!-\!\underset{\underset{NH_2}{|}}{CH}\!-\!CO_2^-$

   forme anionique
   à pH 7,00

10. Ajouter une base jusqu'à pH 5,98. La leucine précipite et on filtre.

$CH_3\!-\!\underset{\underset{CH_3}{|}}{CH}\!-\!CH_2\!-\!\underset{\underset{\overset{NH_3}{+}}{|}}{CH}\!-\!CO_2H \xrightarrow{HO^-} CH_3\!-\!\underset{\underset{CH_3}{|}}{CH}\!-\!CH_2\!-\!\underset{\underset{\overset{NH_3}{+}}{|}}{CH}\!-\!CO_2^-$

leucine
forme cationique
à pH 2.00

leucine
zwitterion
à pH 5,98

Synthèse des aminoacides

14.2 et 14.3 Synthèse par substitution et par addition

1.

a) $CH_3OH \xrightarrow[350\ °C]{Cu} H\!-\!\overset{\overset{O}{\|}}{C}\!-\!H \xrightarrow[NH_3]{HCN} H\!-\!\underset{\underset{NH_2}{|}}{CH}\!-\!CN$

méthanol

$\xrightarrow{H_3O^+}$ (vertical)

$\underset{\underset{NH_2}{|}}{CH_2}\!-\!CO_2H$
glycine

b) $CH_3\!-\!CO_2H \xrightarrow[P]{Br_2} \underset{\underset{Br}{|}}{CH_2}\!-\!CO_2H \xrightarrow{NH_3} \underset{\underset{NH_2}{|}}{CH_2}\!-\!CO_2H$

acide acétique

glycine

Réactivité des aminoacides

14.4 à 14.6 Caractère acidobasique, formation d'esters et d'amides

1. CH_3—$\overset{\displaystyle}{\underset{\displaystyle NH_2}{CH}}$—$\overset{\displaystyle O}{\overset{\|}{C}}$—NH—$CH_2$—$\overset{\displaystyle O}{\overset{\|}{C}}$—NH—$\overset{\displaystyle}{\underset{\displaystyle \underset{\displaystyle CH_3\,CH_3}{CH}}{CH}}$—$CO_2H$

    Ala-Gly-Val

2. $\overset{\displaystyle}{\underset{\displaystyle NH_2}{CH_2}}$—$\overset{\displaystyle O}{\overset{\|}{C}}$—NH—$\overset{\displaystyle}{\underset{\displaystyle \underset{\displaystyle CH_3CH_3}{CH}}{CH}}$—$CO_2H$ CH_3—$\overset{\displaystyle}{\underset{\displaystyle CH_3}{CH}}$—$\overset{\displaystyle}{\underset{\displaystyle NH_2}{CH}}$—$\overset{\displaystyle O}{\overset{\|}{C}}$—NH—$CH_2$—$CO_2H$

    Gly-Val   Val-Gly

    $\overset{\displaystyle}{\underset{\displaystyle NH_2}{CH_2}}$—$\overset{\displaystyle O}{\overset{\|}{C}}$—NH—$CH_2$—$CO_2H$ CH_3—$\overset{\displaystyle}{\underset{\displaystyle CH_3}{CH}}$—$\overset{\displaystyle}{\underset{\displaystyle NH_2}{CH}}$—$\overset{\displaystyle O}{\overset{\|}{C}}$—NH—$\overset{\displaystyle}{\underset{\displaystyle \underset{\displaystyle CH_3CH_3}{CH}}{CH}}$—$CO_2H$

    Gly-Gly   Val-Val

3. a) CH_3—$\overset{\displaystyle}{\underset{\displaystyle CH_3}{CH}}$—$\overset{\displaystyle}{\underset{\displaystyle NH_2}{CH}}$—$CO_2H$ $\xrightarrow[H^+]{C_2H_5OH}$ CH_3—$\overset{\displaystyle}{\underset{\displaystyle CH_3}{CH}}$—$\overset{\displaystyle}{\underset{\displaystyle NH_2}{CH}}$—$\overset{\displaystyle O}{\overset{\|}{C}}$—O—$C_2H_5$

    valine

    b) L'ester ne peut pas former de zwitterion à caractère ionique.

    liaison peptidique

4. $\overset{\displaystyle}{\underset{\displaystyle NH_2}{CH_2}}$—$\overset{\displaystyle O}{\overset{\|}{C}}$—NH—$\overset{\displaystyle}{\underset{\displaystyle CH_3}{CH}}$—$CO_2H$

    Gly-Ala

Les protéines

14.7 à 14.10 Synthèse, analyse et réactivité

1.

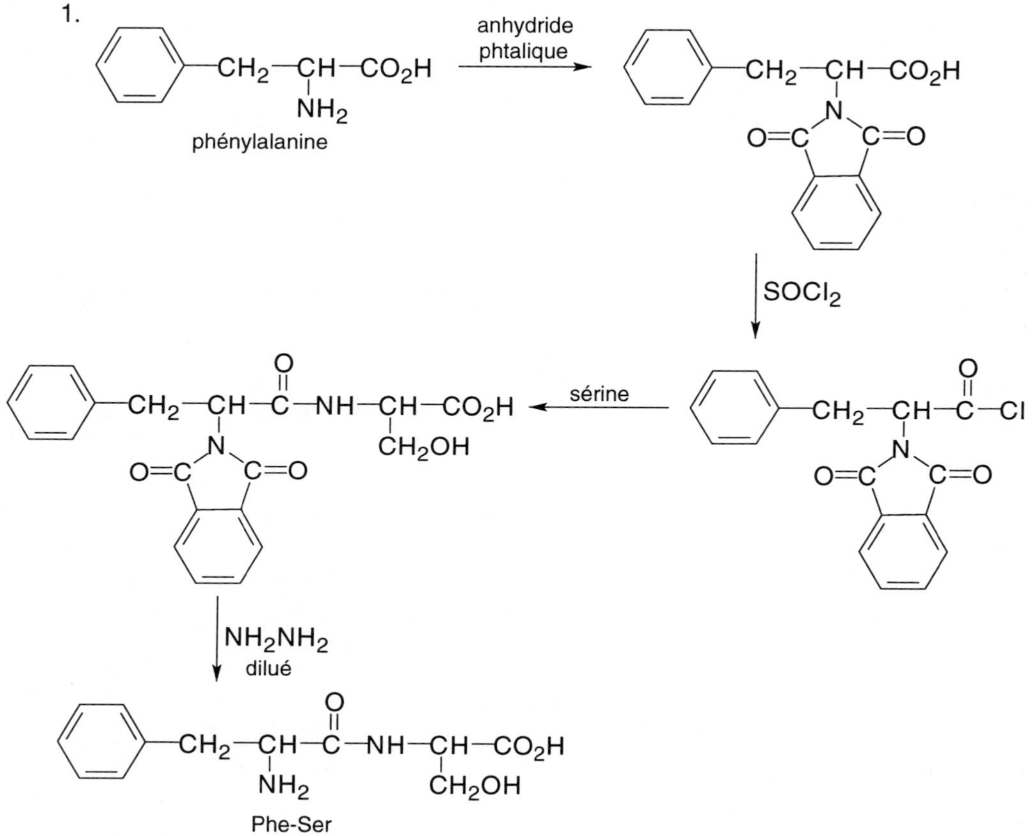

phénylalanine

anhydride phtalique

SOCl₂

sérine

NH₂NH₂ dilué

Phe-Ser

2. L'acide chlorhydrique.

3. La chromatographie sur couche mince, sur papier ou par échange d'ions.

4.

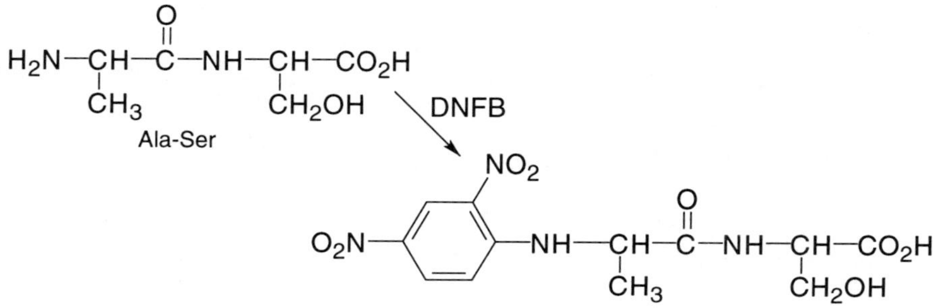

Ala-Ser

DNFB

5. a)

$$H_2N-CH-\overset{\overset{O}{\|}}{C}-NH-CH_2-\overset{\overset{O}{\|}}{C}-NH-CH-CO_2H$$

avec CH_2OH sur le premier carbone et

$$\underset{H_3C \quad CH_3}{\overset{|}{CH}}$$

NH_2-NH_2 ↓

$$H_2N-\underset{\underset{CH_2OH}{|}}{CH}-\overset{\overset{O}{\|}}{C}-NH-NH_2 \; + \; NH_2-CH_2-\overset{\overset{O}{\|}}{C}-NH-NH_2 \; + \; H_2N-\underset{\underset{\underset{H_3C \quad CH_3}{}}{\overset{|}{CH}}}{CH}-CO_2H$$

⎣_____ deux acylhydrazides aminés _____⎦   valine

b) Cette réaction sert à identifier l'aminoacide C-terminal, celui de droite, la valine.

6. Tyr—Asp—Pro—Glu—Ile.

Exercices complémentaires

1.
$$H_2N-\overset{\overset{\displaystyle CO_2H}{|}}{\underset{\underset{\underset{CH(CH_3)_2}{|}}{\overset{|}{CH_2}}}{C}}-H$$

2.

⬡—CH_2-CH_2OH $\xrightarrow[350\,°C]{Cu}$ ⬡—$CH_2-\overset{\overset{O}{\|}}{C}-H$

2-phényléthanol

$HCN \big| NH_3$ ↓

⬡—$CH_2-\underset{\underset{NH_2}{|}}{CH}-CO_2H$ $\xleftarrow[]{H_3O^+}$ ⬡—$CH_2-\underset{\underset{NH_2}{|}}{CH}-CN$

phénylalanine

3.

$HOCH_2-\underset{\underset{\overset{+}{N}H_3}{|}}{CH}-CO_2H$ $\xleftarrow[\text{addition}]{H^+}$ $HOCH_2-\underset{\underset{\overset{+}{N}H_3}{|}}{CH}-CO_2^-$ $\xrightarrow[\text{addition}]{HO^-}$ $HOCH_2-\underset{\underset{NH_2}{|}}{CH}-CO_2^-$

cation   d'un acide   sérine   d'une base   anion

à pH 5,68

4. **X:**

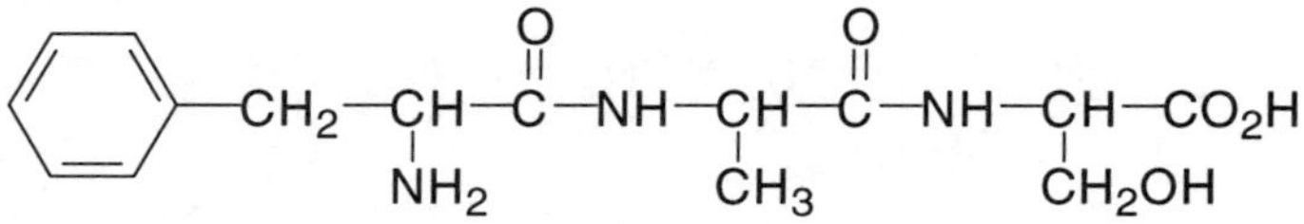

Phe—Ala—Ser

A:

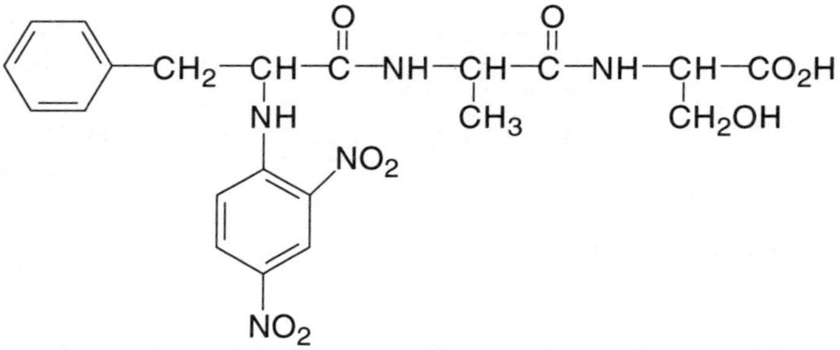

B:

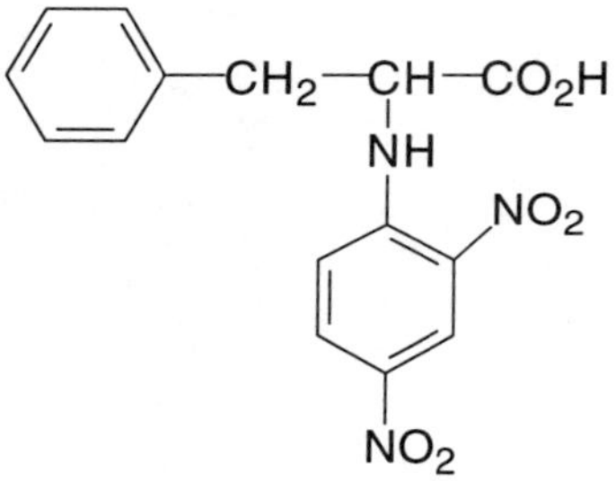

C:

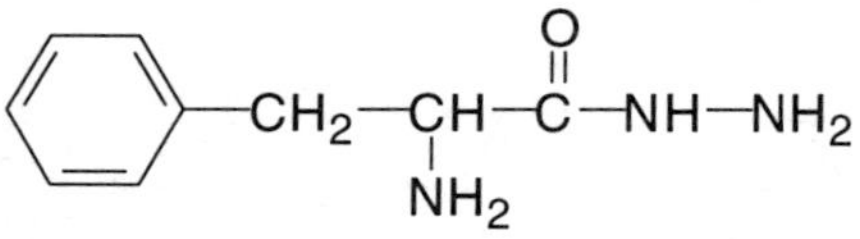

D: H$_2$N—CH—C—NH—NH$_2$
        | ‖
        CH$_3$ O

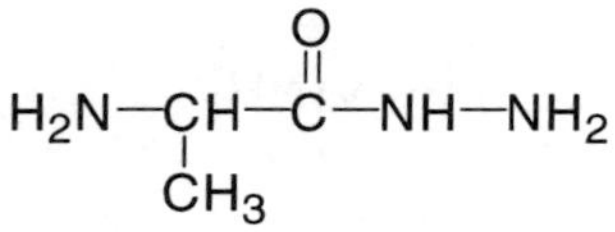

5. a) CuSO$_4$, réactif de Fehling; il forme un précipité rouge de Cu$_2$O avec un sucre réducteur, un aldéhyde ou une cétone α -hydroxylée.

   b) le dinitrofluorobenzène forme un complexe avec l'aminoacide N-terminal d'un peptide.

   c) l'hydrazine coupe les liaisons peptidiques pour former des acylhydrazides aminés et permet ainsi d'identifier l'aminoacide C-terminal d'un peptide.

5. (suite)

d) $ZnCl_2$, HCl, est le réactif de Lucas qui permet de distinguer les alcools les uns des autres 1°, 2° et 3° par la vitesse de réaction (aspect laiteux de la suspension du chlorure formé); réaction rapide avec un alcool tertiaire.

e) le sodium, Na, permet de distinguer les uns des autres les alcools 1°, 2° et 3°. La réaction (dégagement d'hydrogène) est rapide avec un alcool primaire.

f) I_2, NaOH : sert à former l'iodoforme, CHI_3 (précipité jaune), à partir d'une méthylcétone.

g) $AgNO_3$ a la même utilité que $CuSO_4$, mais il forme un miroir d'argent (test de Tollens) au lieu d'un précipité rouge.

———————— ✳ ————————

Table internationale des masses atomiques

Nom	Symbole	Numéro atomique	Masse atomique	Nom	Symbole	Numéro atomique	Masse atomique
Actinium	Ac	89	227,028	Mendelevium	Md	101	258
Aluminium	Al	13	26,982	Mercure	Hg	80	200,59
Américium	Am	95	243	Molybdène	Mo	42	95,94
Antimoine	Sb	51	121,757	Néodyme	Nd	60	144,24
Argent	Ag	47	107,868	Néon	Ne	10	20,180
Argon	Ar	18	39,948	Neptunium	Np	93	237,048
Arsenic	As	33	74,922	Nickel	Ni	28	58,693
Astate	At	85	210	Niobium	Nb	41	92,906
Azote	N	7	14,007	Nobélium	No	102	259
Baryum	Ba	56	137,327	Or	Au	79	196,967
Berkélium	Bk	97	247	Osmium	Os	76	190,2
Béryllium	Be	4	9,012	Oxygène	O	8	15,999
Bismuth	Bi	83	208,980	Palladium	Pd	46	106,42
Bore	B	5	10,811	Phosphore	P	15	30,974
Brome	Br	35	79,904	Platine	Pt	78	195,08
Cadmium	Cd	48	112,411	Plomb	Pb	82	207,2
Calcium	Ca	20	40,078	Plutonium	Pu	94	244
Californium	Cf	98	251	Polonium	Po	84	209
Carbone	C	6	12,011	Potassium	K	19	39,098
Cérium	Ce	58	140,15	Praséodyme	Pr	59	140,907
Césium	Cs	55	132,905	Prométhium	Pm	61	145
Chlore	Cl	17	35,453	Protactinium	Pa	91	231,036
Chrome	Cr	24	51,996	Radium	Ra	88	226,025
Cobalt	Co	27	58,933	Radon	Rn	86	222
Cuivre	Cu	29	63,546	Rhénium	Re	75	186,207
Curium	Cm	96	247	Rhodium	Rh	45	102,906
Dysprosium	Dy	66	162,50	Rubidium	Rb	37	85,468
Einsteinium	Es	99	252	Ruthénium	Ru	44	101,07
Erbium	Er	68	167,26	Rutherfordium	Rf	104	261
Étain	Sn	50	118,710	Samarium	Sm	62	150,36
Europium	Eu	63	151,965	Scandium	Sc	21	44,956
Fer	Fe	26	55,847	Sélénium	Se	34	78,96
Fermium	Fm	100	257	Silicium	Si	14	28,086
Fluor	F	9	18,998	Sodium	Na	11	22,990
Francium	Fr	87	223	Soufre	S	16	32,066
Gadolinium	Gd	64	157,25	Strontium	Sr	38	87,62
Gallium	Ga	31	69,723	Tantale	Ta	73	180,948
Germanium	Ge	32	72,61	Technétium	Tc	43	98
Hafnium	Hf	72	178,49	Tellure	Te	52	127,60
Hahnium	Ha	105	262	Terbium	Tb	65	158,925
Hélium	He	2	4,002	Thallium	Tl	81	204,383
Holmium	Ho	67	164,930	Thorium	Th	90	232,038
Hydrogène	H	1	1,008	Thullium	Tm	69	168,934
Indium	In	49	114,82	Titane	Ti	22	47,88
Iode	I	53	126,904	Tungstène	W	74	183,85
Iridium	Ir	77	192,22	Uranium	U	92	238,029
Krypton	Kr	36	83,80	Vanadium	V	23	50,942
Lanthane	La	57	138,906	Xénon	Xe	54	131,29
Lawrencium	Lr	103	260	Ytterbium	Yb	70	173,04
Lithium	Li	3	6,941	Yttrium	Y	39	88,906
Lutécium	Lu	71	174,967	Zinc	Zn	30	65,39
Magnésium	Mg	12	24,305	Zirconium	Zr	40	91,224
Manganèse	Mn	25	54,938				

Tableau périodique des éléments

1	2	3	4	5	6	7	8	9	10	11	12	13	14	15	16	17	18
1 **H** 1.008																	2 **He** 4.00
3 **Li** 6.94	4 **Be** 9.01											5 **B** 10.81	6 **C** 12.011	7 **N** 14.01	8 **O** 16.00	9 **F** 19.00	10 **Ne** 20.18
11 **Na** 22.99	12 **Mg** 24.31											13 **Al** 26.98	14 **Si** 28.09	15 **P** 30.97	16 **S** 32.07	17 **Cl** 35.45	18 **Ar** 39.95
19 **K** 39.10	20 **Ca** 40.08	21 **Sc** 44.96	22 **Ti** 47.88	23 **V** 50.94	24 **Cr** 52.00	25 **Mn** 54.94	26 **Fe** 55.85	27 **Co** 58.93	28 **Ni** 58.69	29 **Cu** 63.55	30 **Zn** 65.39	31 **Ga** 69.72	32 **Ge** 72.61	33 **As** 74.92	34 **Se** 78.96	35 **Br** 79.90	36 **Kr** 83.80
37 **Rb** 85.47	38 **Sr** 87.62	39 **Y** 88.91	40 **Zr** 91.22	41 **Nb** 92.91	42 **Mo** 95.94	43 **Tc** (98)	44 **Ru** 101.07	45 **Rh** 102.91	46 **Pd** 106.42	47 **Ag** 107.87	48 **Cd** 112.41	49 **In** 114.82	50 **Sn** 118.71	51 **Sb** 121.76	52 **Te** 127.60	53 **I** 126.90	54 **Xe** 131.29
55 **Cs** 132.91	56 **Ba** 137.33	57 **La*** 138.91	72 **Hf** 178.49	73 **Ta** 180.95	74 **W** 183.85	75 **Re** 186.21	76 **Os** 190.2	77 **Ir** 192.22	78 **Pt** 195.08	79 **Au** 196.97	80 **Hg** 200.59	81 **Tl** 204.38	82 **Pb** 207.2	83 **Bi** 208.98	84 **Po** (209)	85 **At** (210)	86 **Rn** (222)
87 **Fr** (223)	88 **Ra** 226.03	89 **Ac·** 227.03	104 **Rf** (261)	105 **Ha** (262)	106 **§** (263)	107 **§** (262)	108 **§** (265)	109 **§** (267)									

Numéro atomique / Symbole / Masse atomique

6 **C** 12.011

Lanthanides *

58 **Ce** 140.12	59 **Pr** 140.91	60 **Nd** 144.24	61 **Pm** (145)	62 **Sm** 150.36	63 **Eu** 151.97	64 **Gd** 157.25	65 **Tb** 158.93	66 **Dy** 162.50	67 **Ho** 164.93	68 **Er** 167.26	69 **Tm** 168.93	70 **Yb** 173.04	71 **Lu** 174.97

Actinides ◆

90 **Th** 232.04	91 **Pa** 231.04	92 **U** 238.03	93 **Np** 237.05	94 **Pu** (244)	95 **Am** (243)	96 **Cm** (247)	97 **Bk** (247)	98 **Cf** (251)	99 **Es** (252)	100 **Fm** (257)	101 **Md** (258)	102 **No** (259)	103 **Lr** (260)

AGMV
MARQUIS
Québec, Canada
1999